数据库程序设计

Visual FoxPro

实训教程

主　编：刘晓松

副主编：赵广凤　黎小兰　李　雯

　　　　樊茗玥　徐红梅

主　审：刘秋生

江苏大学出版社
JIANGSU UNIVERSITY PRESS

镇 江

图书在版编目(CIP)数据

数据库程序设计 Visual FoxPro 实训教程 / 刘晓松主编. —镇江：江苏大学出版社，2013.1(2017.1 重印)
ISBN 978-7-81130-441-1

Ⅰ.①数… Ⅱ.①刘… Ⅲ.①关系数据库系统—程序设计—高等学校—教材 Ⅳ.①TP311.138

中国版本图书馆 CIP 数据核字(2013)第 024205 号

数据库程序设计 Visual FoxPro 实训教程

SHUJUKU CHENGXU SHEJI VISUAL FOXPRO SHIXUN JIAOCHENG

主　　编	/刘晓松
责任编辑	/李菊萍　张小琴
出版发行	/江苏大学出版社
地　　址	/江苏省镇江市梦溪园巷 30 号(邮编：212003)
电　　话	/0511-84446464(传真)
网　　址	/http://press.ujs.edu.cn
排　　版	/镇江文苑制版印刷有限责任公司
印　　刷	/丹阳市兴华印刷厂
开　　本	/787 mm×1 092 mm　1/16
印　　张	/11.75
字　　数	/270 千字
版　　次	/2013 年 1 月第 1 版　2017 年 1 月第 6 次印刷
书　　号	/ISBN 978-7-81130-441-1
定　　价	/24.00 元

如有印装质量问题请与本社营销部联系(电话：0511-84440882)

编写说明

　　随着现代科学技术的发展速度越来越快,新的科技知识和信息量也迅猛增加。面对这样一个信息爆炸的时代,数据库技术成为当今信息社会的重要基础技术,而相关程序设计语言也是高等院校管理和财经类学生必须掌握的基础知识。

　　Visual FoxPro 作为一门关系型数据库程序设计语言,在学习过程中具有知识点多而散、操作性要求高以及应用实践性强等特点。要在有限的时间内熟练掌握这门程序设计语言,必须找出重要的知识点,并配合相应的习题和上机实验。为此,笔者根据数据库程序设计(Visual FoxPro)课程的教学要求和计算机等级考试(Visual FoxPro 二级)要求,结合 20 多年教学实践经验,编写了这本《数据库系统程序设计 Visual FoxPro 实训教程》。本书可以作为高等院校 Visual FoxPro 程序设计相关课程的辅导用书,也可以作为全国以及江苏省计算机等级考试(Visual FoxPro 二级)参考用书。

　　本书分为两部分。第一部分为实训要点和习题,主要对重要的知识点进行介绍,并给出相应的习题供学生课后练习,帮助学生消化吸收。第二部分为上机实验,分成 12 个实验,每个实验给出一个完整的案例,循序渐进地完成一个小型信息系统的实现,实验内容步骤详细,可操作性强,便于指导学生上机操作。实验要求的软件环境为 Visual FoxPro 6.0 中文专业版,上机实验时间不少于 25 学时。

　　本书由江苏大学刘晓松副教授主编,赵广凤、黎小兰、李雯、樊茗玥和徐红梅共同参与编写,刘秋生教授主审。本书的出版得到江苏大学管理学院信息管理与信息系统系全体教师的大力支持,在此一并表示衷心感谢!

　　由于编者水平有限,书中若有疏漏错误之处,恳请读者批评指正。

目录
contents

▶ **实训实验篇** 090

▶ **习题答案**

▶ **参考文献**

第1章 数据库系统基础知识

1.1 实训要点

1. 数据库系统的概念

(1) 掌握数据和信息的相关知识,包括数据的定义、描述和形式,信息的定义和性质,数据和信息的关系,以及数据处理的定义。

(2) 掌握数据库(DB)的含义、特点以及分类。

(3) 了解数据库管理系统(DBMS)的含义及其功能。数据库管理系统是一个系统软件,是基于某种数据模型基础上的,以统一的方式管理、维护和控制数据库,并提供数据库接口的通用软件,是数据库系统的核心部分。它具备数据库定义功能、数据库操纵功能、数据运行维护功能以及数据通信功能,等等。

(4) 掌握数据库系统(DBS)的组成、体系结构(四类人员、三级模式、两级映像以及独立性问题等),尤其需要注意数据库管理员(DBA)的含义及其职能。数据库系统由计算机硬件资源、操作系统(OS)、数据库管理系统、编译系统、用户应用程序和数据库等组成。

2. 数据库技术的形成

(1) 掌握计算机数据处理的 5 个步骤。

(2) 了解数据库技术的发展史及各个阶段(人工管理阶段、文件系统管理阶段和数据库系统管理阶段)的特点。

3. 数据库系统的研究与应用

(1) 了解数据库应用领域的现状及其发展。

(2) 掌握数据库应用领域专有名词的含义、作用及其英文缩写,如计算机集成制造系统(CIMS)、计算机辅助软件工程(CASE)、数据挖掘(DM)和数据仓库(DW)等。

1.2　实训练习

1. 选择题

(1) 数据库技术的发展史经历了 3 个阶段,它们是(　　)。

    A. 人工管理阶段、文件管理阶段和数据库管理阶段

    B. 层次模型阶段、网状模型阶段和关系模型阶段

    C. PC 机数据库阶段、小型机数据库阶段和大型机数据库阶段

    D. dBASE 数据库阶段、FoxBase 数据库阶段和 FoxPro 数据库阶段

(2) 数据独立性是数据库技术的重要特点之一,所谓数据独立性是指(　　)。

    A. 数据与程序独立存取

    B. 不同的数据被存放在不同的文件中

    C. 不同的数据只能被对应的应用程序所使用

    D. 以上 3 种说法都不对

(3) DBMS 的含义是(　　)。

    A. 数据库系统　　　　　　　　　　B. 数据库管理系统

    C. 数据库管理员　　　　　　　　　D. 数据库

(4) 数据库管理系统中负责数据模式定义的语言是(　　)。

    A. 数据定义语言　　　　　　　　　B. 数据管理语言

    C. 数据操纵语言　　　　　　　　　D. 数据控制语言

(5) 数据库系统的核心是(　　)。

    A. 数据模型　　　　　　　　　　　B. 数据库管理系统

    C. 数据库　　　　　　　　　　　　D. 数据库管理员

(6) 由计算机、DBMS、数据库、应用程序和人等组成的整体称为(　　)。

    A. 数据库系统　　　　　　　　　　B. 数据库管理系统

    C. 文件系统　　　　　　　　　　　D. 软件系统

(7) 数据库设计中反映用户对数据要求的模式是(　　)。

    A. 内模式　　　　　　　　　　　　B. 概念模式

    C. 外模式　　　　　　　　　　　　D. 设计模式

(8) 在数据库系统中,负责全面地管理和控制系统的人是(　　)。

    A. 应用程序员　　　　　　　　　　B. 数据库管理员

    C. 系统分析员　　　　　　　　　　D. 用户

(9) 数据经历的 3 个领域是(　　)。

    A. 现实世界、逻辑世界和数据世界　　B. 事物、对象和性质

    C. 实体、对象和属性　　　　　　　　D. 数据、记录和字段

（10）下面关于数据库技术的说法中，不正确的是（　　）。

    A. 数据库的独立性是指数据的存储独立于使用它的应用程序

    B. 数据库的共享性是指数据的正确性

    C. 数据库的安全性是指数据不能被无关人员获取或破坏，保证数据完整和正确

    D. 数据库的一致性是指相同的数据在不同的应用程序中具有相同的值

（11）数据库系统与文件系统的最主要区别是（　　）。

    A. 文件系统不能解决数据冗余和数据独立性问题，而数据库系统可以解决

    B. 文件系统只能管理程序文件，而数据库系统能够管理各种类型的文件

    C. 文件系统管理的数据量较小，而数据库系统可以管理庞大的数据量

    D. 数据库系统复杂，而文件系统简单

（12）在数据管理技术发展的 3 个阶段中，数据共享性最好的是（　　）。

    A. 人工管理阶段   B. 文件系统阶段

    C. 数据库系统阶段   D. 3 个阶段相同

（13）下面关于数据库技术的说法中，不正确的是（　　）。

    A. 数据的完整性是指数据的正确性和一致性

    B. 防止非法用户对数据的存取，称为数据库的安全性防护

    C. 采用数据库技术处理数据，数据冗余应该完全消失

    D. 不同用户可以使用同一数据库，称为数据共享

（14）目前数据库管理系统（DBMS）有许多不同的产品。在下列 DBMS 产品中，不属于 Microsoft 公司开发的是（　　）。

    A. Visual FoxPro   B. Access

    C. SQL Server   D. Oracle

（15）数据库（DB）、数据库系统（DBS）、数据库管理系统（DBMS）三者之间的关系是（　　）。

    A. DBS 包括 DB 和 DBMS   B. DBMS 包括 DB 和 DBS

    C. DB 包括 DBS 和 DBMS   D. DBS 就是 DB，也就是 DBMS

2. 填空题

（1）数据库中的数据按一定的数据模型组织、描述和存储，具有较小的数据_____度，较高的数据_____性和易扩展性，并可以供用户共享。

（2）数据库技术的发展过程经过人工管理阶段、文件系统管理阶段和数据库管理系统阶段，这 3 个阶段中数据独立性最高的阶段是_____。

（3）数据的独立性是指数据和_____之间相互独立。

（4）数据库通常包括两部分内容：一是按一定的数据模型组织并实际存储的所有应用程序需要的数据，二是存放在数据字典中的各种描述信息，包括所有数据的存储格式、完整性约束等信息，这些描述信息通常称为_____。

（5）利用计算机对数据进行处理，一般分为原始数据的收集、数据的规范化及其编码、数据输入、_____和数据输出。

（6）数据独立性分为逻辑独立性与物理独立性。当数据的存储结构改变时，其逻辑结构可以不变，因此，基于逻辑结构的应用程序不必修改，称为_____。

（7）数据的不一致性是指_____。

（8）数据处理是对各种类型的数据进行_____、_____、分类、计算、加工、检索和传输的过程。

（9）数据库系统中对数据库进行管理的核心软件是_____。

（10）数据库管理系统是用于建立、使用和维护数据库的系统软件，其英文缩写为_____。

（11）为了实现数据的独立性，便于数据库的设计和实现，一般把数据库系统的结构定义为三级模式结构，即分为外模式、_____和内模式。

（12）数据库系统一般由数据库、数据库管理系统（DBMS）、计算机支持系统、应用程序和有关人员等组成。其中_____是位于用户（应用程序）和操作系统之间的软件。

第 2 章　数据库系统理论

2.1　实训要点

1. 数据模型

（1）了解数据模型的两种类型（概念数据模型和基本数据模型）。

（2）掌握基本数据模型的 3 个组成部分（数据结构、数据操作、数据完整性约束）及其内容，注意数据完整性规则包括以下方面：域完整性规则、实体完整性规则、参照完整性规则和用户自定义完整性规则，及其在关系定义时的准则。

（3）掌握基本数据模型的分类（层次模型、网状模型和关系模型）及其特点。

2. 关系数据模型

（1）了解关系数据模型理论的创建（1970 年由 IBM 工程师 E. F. Codd 提出）。

（2）掌握关系模型及其性质，理解关系模型的主要概念：关系、元组、属性、域、分量、关键字等。

（3）掌握关键字的分类（超关键字、候选关键字、主关键字和外部关键字）及其概念。外部关键字是指两张表具有"一对多"关系时，"多表"（或称为"子表"）中包含来自于"一表"（或称为"主表"）的主关键字，这个"一表"的主关键字在"多表"中就称为外部关键字。超关键字是指在表中能够唯一确定表的记录的一列或多列的数据组。

（4）掌握关系的基本运算。关系操作有代数方法和逻辑方法两种，前者也称为关系代数，包括并、交、差和笛卡尔积，以及专门的关系运算（投影、选择、联接、除等）；后者也称为关系演算，它通过元组必须满足的谓词公式来表达查询要求。

（5）了解关系规范化理论，理解 1NF，2NF，3NF 所表示的含义。注意"不好"的关系存在的问题（包括修改异常、删除异常、插入异常和数据冗余度大等问题）。

3. 数据库系统应用实例

（1）了解数据库设计过程，包括确定用户需求、数据收集、数据筛选、数据定义等。

（2）了解数据库设计的首要任务是数据库结构的确定，即分析数据库中必须保留什么信息以及该信息各成分之间有着怎样的联系。数据库的结构也称为数据库模式，通常用适合这种设计的某种语言或表示法加以说明，把设计固定为一种格式，再把按这种格式进行的设计输入到 DBMS 中，这时数据库就有了具体的存在形式，完成了数据组织的工作。目前数据库设计表达的方式主要是实体-联系(E-R)模型。

(3)掌握 E-R 图的基本概念,尤其注意 E-R 图的 3 个主要组成部分:实体、属性和联系的概念及其设计。

2.2　实训练习

1. 选择题

(1)关系模型的基本结构是(　　)。

    A. 二维表　　　　　　　　　　　　B. 树形结构

    C. 无向图　　　　　　　　　　　　D. 有向图

(2)目前 3 种基本的数据模型是(　　)。

    A. 层次模型、网络模型、关系模型　　B. 对象模型、网络模型、关系模型

    C. 网络模型、对象模型、层次模型　　D. 层次模型、关系模型、对象模型

(3)关系型数据库采用(　　)表示实体和实体间的联系。

    A. 对象　　　　　　　　　　　　　B. 字段

    C. 二维表　　　　　　　　　　　　D. 表单

(4)在关系模型中,同一个关系中的不同属性,其属性名(　　)。

    A. 可以相同　　　　　　　　　　　B. 不能相同

    C. 可以相同,但数据类型不同　　　　D. 必须相同

(5)以下关于关系的说法正确的是(　　)。

    A. 列的次序非常重要　　　　　　　B. 行的次序非常重要

    C. 列的次序无关紧要　　　　　　　D. 关键字必须指定为第一列

(6)VFP 是一种(　　)模型的数据库管理系统。

    A. 层次　　　　　　　　　　　　　B. 网络

    C. 对象　　　　　　　　　　　　　D. 关系

(7)对于二维表,下列说法中不正确的是(　　)。

    A. 二维表中的每一列均有唯一的字段名

    B. 二维表中不允许出现完全相同的两行

    C. 二维表中行的顺序、列的顺序均可以任意交换

    D. 二维表中行的顺序、列的顺序不可以任意交换

(8)一个表的主关键字被包含到另一个表中时,在另一个表中称该关键字为(　　)。

    A. 外部关键字　　　　　　　　　　B. 主关键字

    C. 超关键字　　　　　　　　　　　D. 候选关键字

(9)关于表的关键字,不一定存在的是(　　)。

    A. 外部关键字　　　　　　　　　　B. 主关键字

C. 超关键字   D. 候选关键字

（10）关系模型中,超关键字(　　)。

    A. 由一个属性组成,其值能唯一标识该关系模式中任何一个元组

    B. 可由一个或多个属性组成,其值能唯一标识该关系模式中任何一个元组

    C. 可由多个任意属性组成

    D. 以上说法都不对

（11）一个学生可以使用多台计算机,而一台计算机可被多个学生使用,则实体学生与实体计算机之间的联系是(　　)类型。

    A. 一对一   B. 一对多

    C. 多对多   D. 多对一

（12）设有部门和职员两个实体,每个职员只能属于一个部门,一个部门可以有多名职员,则部门与职员实体之间的联系是(　　)类型。

    A. m∶n   B. 1∶m

    C. m∶k   D. 1∶1

（13）实体模型反映实体与实体之间的关系,是人们的头脑对现实世界中客观事物及其相互联系的认识,而(　　)是实体模型的数据化,是观念世界的实体模型在数据世界中的反映,是对现实世界的抽象。

    A. 逻辑模型   B. 关系模型

    C. 数据模型   D. 概念模型

（14）概念模型是按用户的观点对数据建模,它是对现实世界的第一层抽象。下列各项中属于概念模型的是(　　)。

    A. 物理模型   B. 关系模型

    C. E-R 模型   D. 逻辑模型

（15）E-R 图是 E-R 模型的图形表示法,它是表示概念模型的有力工具。在 E-R图中,实体之间的联系用(　　)表示。

    A. 矩形框   B. 菱形框

    C. 圆形框   D. 椭圆形框

（16）实体是信息世界的术语,与之对应的数据库术语是(　　)。

    A. 文件   B. 数据库

    C. 记录   D. 字段

（17）将 E-R 图转换为关系模式时,实体和联系都可以表示为(　　)。

    A. 属性   B. 键

    C. 关系   D. 域

（18）在下列关系运算中,不改变关系表中的属性个数但能减少元组个数的是(　　)。

    A. 并运算   B. 交运算

    C. 投影运算   D. 笛卡儿乘积

（19）在下列 4 个选项中,不属于基本关系运算的是(　　)。

    A. 联接 　　　　　　　　　　　　B. 投影

    C. 选择 　　　　　　　　　　　　D. 排序

（20）在下列叙述中,错误的是(　　)。

    A. 关系型数据库中的每一个关系都是一个二维表

    B. 在关系模型中,运算的对象和运算的结果都是二维表

    C. 二维表中不允许出现任何数据冗余

    D. Visual FoxPro 是一种关系型数据库管理系统产品

（21）在关系数据模型中,利用关系运算对两个关系进行操作,得到的结果是(　　)。

    A. 属性 　　　　　　　　　　　　B. 关系

    C. 元组 　　　　　　　　　　　　D. 关系模式

（22）在数据库设计中,将 E-R 图转换成关系数据模型属于(　　)阶段的工作。

    A. 需求分析 　　　　　　　　　　B. 概念设计

    C. 逻辑设计 　　　　　　　　　　D. 物理设计

（23）层次型、网状型和关系型数据库划分原则是(　　)。

    A. 记录长度 　　　　　　　　　　B. 文件的大小

    C. 联系的复杂程度 　　　　　　　D. 数据之间的联系方式

（24）有两个关系 R,S 见表 1-2-1,1-2-2:

表 1-2-1　R 关系

A	B	C
a	3	2
b	0	1
c	2	1

表 1-2-2　S 关系

A	B
a	3
b	0
c	2

由关系 R 通过运算得到关系 S,则所使用的运算为(　　)。

    A. 选择 　　　　　　　　　　　　B. 投影

    C. 插入 　　　　　　　　　　　　D. 联接

（25）学生表中有学号、姓名和出生日期 3 个字段,SQL 语句"SELECT ＊ FROM 学生 WHERE 学号 = ′0010556102′"完成的操作称为(　　)。

    A. 选择 　　　　　　　　　　　　B. 投影

    C. 联接 　　　　　　　　　　　　D. 并

2. 填空题

（1）数据模型是数据库系统中用于数据表示和操作的一组概念和定义。数据模型通常由 3 个部分组成,即数据结构、数据操作和数据的_____约束条件。

（2）在关系数据库中,用来表示实体之间联系的是_____。

（3）从二维表的候选关键字中，选出一个可作为_____。

（4）二维表中能唯一确定记录的一列或多列的组合称为超关键字。若一个超关键字去掉其中任何一列后不再能唯一确定记录，则称其为_____。

（5）VFP中的数据完整性规则包括域完整性规则、_____、参照完整性规则和用户自定义完整性规则。

（6）在基本表中，要求字段名_____重复。

（7）关系模型以关系代数理论为基础，并形成了一整套关系数据库理论——规范化理论。关系规范的条件可以分为多级，每一级称为一个范式，记作 nNF（n 表示范式的级别）。在实际应用过程中（设计关系模式时），一般要求满足_____。

（8）关系的基本运算有两类：一是传统的集合运算，包括并、差、交运算；二是专门的关系运算，包括选择、_____和联接。

（9）目前较为流行的一种信息模型设计方法称为 E-R 方法，E-R 方法的中文含义为_____。

（10）E-R 图是 E-R 模型的图形表示法，它是表示概念模型的有力工具。在 E-R 模型中有 3 个基本的概念，即实体、联系和_____，在 E-R 图中它们分别用矩形框、菱形框和椭圆形框来表示。

（11）实体完整性约束要求关系数据库中元组的_____属性值不能为空。

（12）关系中的每一行称为一个_____，每一列称为一个_____。

（13）E-R 图中用_____表示实体集，_____表示联系，_____表示属性。

（14）有一个学生选课的关系，其中学生的关系模式为：学生（学号，姓名，班级，年龄），课程的关系模式为：课程（课号，课程名，学时），两个关系模式的键分别是学号和课号，则关系模式选课可定义为：选课（学号，_____，成绩）。

（15）数据字典是系统中各类数据定义和描述的集合。在数据字典中，除了定义外部实体、_____、处理逻辑和数据存储以外，还需要对数据元素和数据结构进行定义。

（16）数据流程图（Data Flow Diagram）是使用直观的图形符号来描述系统业务过程、信息流和数据要求的工具，可以比较准确地表达数据和处理的关系。基本的数据流程图符号有 4 种，分别表示外部实体、_____、数据处理和数据存储。

（17）数据模型一般要描述 3 个方面的内容：数据的静态特征，包括对数据结构和数据间联系的描述；数据的动态特征，这是一组定义在数据上的操作，包括操作的含义、操作符、运算规则和语言等；数据的_____约束，这是一组数据库中的数据必须满足的规则。

（18）在 Visual FoxPro 中，SELECT 语句能够实现选择、投影和_____3 种专门的关系运算。

（19）在关系 A（S，SN，D）和关系 B（D，CN，NM）中，A 的主关键字是 S，B 的主关键字是 D，则称_____是关系 A 的外码。

第3章　Visual FoxPro 基本概念

3.1　实训要点

1. Visual FoxPro 产品与特点

（1）了解 Visual FoxPro 产品的发展史及其特点。

（2）掌握 Visual FoxPro 数据库的特点，了解 Visual FoxPro 是一个 32 位的关系型数据库管理系统及 OOP,OLE 技术的应用。

2. Visual FoxPro 安装、启动与退出

了解 Visual FoxPro 软件的安装、启动和退出的方法。

3. Visual FoxPro 用户界面及其规则

（1）了解与熟悉 VFP 的用户界面。

（2）熟练掌握 VFP 命令的书写规则。

（3）掌握主要文件类型的扩展名（见表 1-3-1）。

表 1-3-1　主要文件类型扩展名

扩展名	文件类型	扩展名	文件类型
.CDX	表索引文件	.DBC	数据库文件
.DBF	表文件	.DCX	数据库索引文件
.DCT	数据库备注文件	.FPT	表备注文件
.FRX	报表文件	.LBX	标签文件
.MPR	菜单生成文件	.MNX	菜单文件
.PJX	项目文件	.PRG	程序文件
.QPR	查询文件	.SCX	表单文件
.VCX	类库文件		

（4）了解 VFP 系统环境的设置，注意系统日期及默认路径的设置。如：

```
SET DATE TO AMERICAN |ANSI |YMD |MDY |DMY |LONG
SET DEFAULT TO <路径>
```

4. Visual FoxPro 数据类型、常数、变量

（1）掌握 VFP 的数据类型：字符型、数值型、货币型、日期型、日期时间型、逻辑型、浮点型、整型、双精度型、备注型、通用型、二进制字符型、二进制备注型。注意浮点型、整型、双精度型、备注型、通用型、二进制字符型、二进制备注型只适用于表中字段，不适用于内存变量和数组。

（2）掌握常量的6种数据类型和表示方法，注意书写形式及定界符的使用。

（3）掌握3种变量：内存变量、字段变量、数组变量。其中，熟练掌握内存变量的赋值（STORE, INPUT, ACCEPT, WAIT）、存盘操作（SAVE TO）、读盘操作（RESTORE FROM）和释放变量操作（RELEASE）等命令；充分理解 PUBLIC，PRIVATE，LOCAL 作用域的含义；了解数组变量的定义（DEMENSION | DECLARE）、赋值及与表之间记录的传递。

（4）掌握以下常用操作命令：∗和&&，?和??，CLEAR, QUIT, ACCEPT, INPUT, DIR, MD/RD/CD, COPY/RENAME/DELETE FILE, RELEASE, SET, SCATTER, GATHER。

5. Visual FoxPro 运算符与表达式

（1）了解空值（.NULL.）的定义与性质。

（2）熟练运用各种类型的运算符与表达式：数值型、字符型、日期型、日期时间型、逻辑型、关系型等，掌握运算符的表现形式及运算优先级。

6. Visual FoxPro 函数

（1）掌握主要数值函数：

ABS( )，INT( )，MAX( )，MIN( )，MOD( )，ROUND( )，SQRT( )，RAND( )。

（2）掌握主要字符函数：

ALLTRIM( )，AT( )，ATC( )，EMPTY( )，TRIM( )，LEN( )，LEFT( )，RIGHT( )，SPACE( )，SUBSTR( )，STUFF( )。

（3）掌握主要日期和日期时间函数：

DATE( )，DATETIME( )，DOW( )，CDOW( )，DAY( )，MONTH( )，YEAR( )，TIME( )。

（4）掌握主要数据类型转换函数：

ASC( )，CHR( )，VAL( )，STR( )，DTOC( )，TTOC( )，CTOD( )，CTOT( )，LOWER( )，UPPER( )。

（5）需要掌握的其他函数：

BETWEEN( )，TYPE( )，VARTYPE( )，IIF( )，MESSAGEBOX( )，FILE( )，GETFILE( )，&，ISDIGIT( )，ISALPHA( )，ISBLANK( )，GETCOLOR( )，FLOOR( )，CEILING( )，LIKE( )，INKEY( )，OCCURS( )，ISNULL( )。

3.2 实训练习

1. 选择题

（1）在 Visual FoxPro 中,存储图像的字段类型应该是(　　)。
    A. 备注型　　　　　　　　　　B. 通用型
    C. 字符型　　　　　　　　　　D. 双精度型

（2）在 Visual FoxPro 中,下列命名中可以作为变量名的是(　　)。
    A. 学号　　　　　　　　　　　B. 2012　学号
    C. 学号　2012　　　　　　　　D. 2012 学号

（3）在下面的数据类型中默认值为 .F. 的是(　　)。
    A. 数值型　　　　　　　　　　B. 字符型
    C. 逻辑型　　　　　　　　　　D. 日期型

（4）执行以下代码,m,n,x,y,z 的类型分别为(　　)。

```
m = {^2012/4/12 10:10:30 AM}
n = YEAR(m)
x = $200
y = .T.
z = '06/24/07'
```

    A. T,N,Y,L,C　　　　　　　　B. T,N,Y,L,D
    C. D,C,N,L,C　　　　　　　　D. D,N,Y,L,D

（5）扩展名为 DBC 的文件是(　　)。
    A. 表单文件　　　　　　　　　B. 表文件
    C. 数据库文件　　　　　　　　D. 项目文件

（6）在 Visual FoxPro 中可以用 DO 命令执行的文件不包括(　　)。
    A. PRG 文件　　　　　　　　　B. MPR 文件
    C. FRX 文件　　　　　　　　　D. QPR 文件

（7）执行下列命令后,屏幕上显示的结果是(　　)。

```
x = "ARE YOU Ok?"
y = "are"
? AT(y,x)
```

    A. 1　　　　　　　　　　　　　B. .F.
    C. .T.　　　　　　　　　　　　D. 0

（8）扩展名为 MNX 的文件是(　　)。
    A. 备注文件　　　　　　　　　B. 项目文件
    C. 表单文件　　　　　　　　　D. 菜单文件

（9）在 Visual FoxPro 中创建项目,系统将建立一个项目文件,项目文件的扩展名是(　　　)。

    A. PRO   B. PRJ

    C. PJX   D. ITM

(10) 关于 Visual FoxPro 的变量,下面说法正确的是(　　　)。

    A. 使用一个简单变量之前要先声明或定义

    B. 数组中各数组元素的数据类型可以不同

    C. 定义数组以后,系统为数组的每个数组元素赋以数值 0

    D. 数组元素的下标下限是 0

(11) 执行如下命令序列后,最后一条命令的显示结果是(　　　)。

```
DIMENSION m(2,2)
m(1,1) =10
m(1,2) =20
m(2,1) =30
m(2,2) =40
?m(2)
```

    A. 变量未定义的提示   B. 10

    C. 20   D. .F.

(12) 在 Visual FoxPro 中说明数组的命令是(　　　)。

    A. DIMENSION 和 ARRAY   B. DECLARE 和 ARRAY

    C. DIMENSION 和 DECLARE   D. DIMENSION

(13) VFP 中,同一个数组中的各元素存放的数据类型(　　　)。

    A. 必须相同   B. 只能是 C,D,N 型

    C. 可以不同   D. 只能是 C,D,N,L 型

(14) 以下关于空值(NULL)的叙述正确的是(　　　)。

    A. 空值等同于空字符串

    B. 空值表示字段或变量还没有确定值

    C. VFP 不支持空值

    D. 空值等同于数值 0

(15) 函数是程序设计语言中重要的语言成分。在下列 VFP 系统函数中,其返回值不为字符型数据的是(　　　)。

    A. TYPE( )   B. DOW( )

    C. CHR( )   D. TTOC( )

(16) 如果有定义 LOCAL data, data 的初值是(　　　)。

    A. 整数 0   B. 不定值

    C. 逻辑真   D. 逻辑假

(17) 在下列函数中,函数的返回值为数值型的是(　　　)。

    A. MESSAGEBOX( )   B. EMPTY( )

    C. DTOC( )   D. TYPE( )

（18）用 LOCAL 定义的内存变量是（　　　）。

    A. 私有内存变量　　　　　　　　　　B. 全局内存变量

    C. 本地内存变量　　　　　　　　　　D. 普通内存变量

（19）有如下赋值语句：

```
a = "你好"
b = "大家"
```

结果为"大家好"的表达式是（　　　）。

    A. b + at(a,1)　　　　　　　　　　B. b + right(a,1)

    C. b + left(a,3,4)　　　　　　　　D. b + right(a,2)

（20）在下列有关 VFP 表达式中,语法上错误的是（　　　）。

    A. DATETIME( ) + 1000

    B. DATE( ) – 1000

    C. DATETIME( ) – DATE( )

    D. DTOC(DATE( )) – TTOC(DATETIME( ))

（21）在下面的 Visual FoxPro 表达式中,运算结果不为"逻辑真"的是（　　　）。

    A. EMPTY(space(0))　　　　　　　B. LIKE("xy * ","xyz")

    C. AT("xy","abcxyz")　　　　　　D. ISNULL(. null.)

（22）设 X = "11",Y = "1122",下列表达式结果为假的是（　　　）。

    A. NOT(X == Y)　AND　(X $ Y)　　B. NOT　(X $ Y)　OR　(X <> Y)

    C. NOT(X >= Y)　　　　　　　　　D. NOT　(X $ Y)

（23）假设职员表已在当前工作区打开,其当前记录的"姓名"字段值为"张三"（字符型,宽度为6）。在命令窗口输入并执行如下命令：

```
姓名 = 姓名 – "您好"
?姓名
```

主窗口中将显示（　　　）。

    A. 张三　　　　　　　　　　　　　B. 张三　　您好

    C. 张三您好　　　　　　　　　　　D. 出错

（24）在 Visual FoxPro 中,宏替换可以从变量中替换出（　　　）。

    A. 字符串　　　　　　　　　　　　B. 数值

    C. 命令　　　　　　　　　　　　　D. 以上3种都可能

（25）在 Visual FoxPro 中,下面 4 个关于日期或日期时间的表达式中,错误的是（　　　）。

    A. {^2012.09.01 11:10:10AM} – {^2011.09.01 11:10:10AM}

    B. {^2012/01/01} + 20

    C. {^2012.02.01} + {^2011.02.01}

    D. {^2012/02/01} – {^2011/02/01}

（26）在下面的表达式中,运算结果为"逻辑真"的是（　　　）。

    A. EMPTY(. NULL.)　　　　　　　B. LIKE("edit","edi?")

C. AT($''a''$,$''123abc''$)　　　　　　　D. EMPTY(SPACE(10))

(27) 下列表达式中,不符合 Visual FoxPro V6.0 规定的是(　　)。

　A. [06/24/99]　　　　　　　　　B. .T. + .t.

　C. STR(123)　　　　　　　　　　D. x * 3 > 14

(28) 在 Visual FoxPro V6.0 下,下列各表达式中不正确的是(　　)。

　A. 120 + 40 = 60　　　　　　　　B. [888] – [666]

　C. STR(12345) – 1　　　　　　　　D. CTOD('06/24/00') – 21

(29) 在表达式"time1 = time2 + x"中,time1,time2 都是日期时间型,则 x 是(　　)。

　A. 小时数　　　　　　　　　　　B. 分钟数

　C. 秒数　　　　　　　　　　　　D. 毫秒数

(30) 下列表达式中,不合法的是(　　)

　A. {^2005/12/6} + 50　　　　　　B. {^2005/12/20} – {^2005/12/6}

　C. DATE() + CTOD("12/6/2005")　　D. DTOC(DATE()) + "12/6/05"

(31) 执行命令"? 2E3 + 2^3 + 50"的结果是(　　)

　A. 66.00　　　　　　　　　　　　B. 2056.00

　C. 2058.00　　　　　　　　　　　D. 错误信息

(32) 假定系统日期是 2012 年 5 月 20 日,有如下命令:

```
a1 = DATE() + 3
y = {^2012 - 05 - 30} - a1
```

执行该命令后,y 的值是(　　)

　A. 2012　　　　　　　　　　　　B. 2003

　C. 3　　　　　　　　　　　　　　D. 7

(33) x = 10,语句"? VARTYPE("x")"的输出结果是(　　)。

　A. N　　　　　　　　　　　　　　B. C

　C. 10　　　　　　　　　　　　　　D. X

(34) 依次执行以下命令后的输出结果是(　　)。

```
SET DATE TO YMD
SET CENTURY ON
SET CENTURY TO 19 ROLLOVER 10
SET MARK TO "."
?  CTOD("49 - 05 - 01")
```

　A. 49.5. 01　　　　　　　　　　　B. 1949.5. 01

　C. 2049.5. 01　　　　　　　　　　D. 出错

(35) 利用 SET DATE 命令可以设置日期显示的格式。例如,将日期显示为"2012 年 3 月 24 日"形式,可以使用命令(　　)进行日期格式设置。

　A. SET DATE TO YMD　　　　　　B. SET DATE TO "年月日"

　C. SET DATE TO CHINESE　　　　　D. SET DATE TO LONG

（36）下列表达式中,返回值均为.T.（真）的是(　　　　)。

    A. EMPTY(¦¦), ISNULL(SPACE(0)), EMPTY(0)

    B. EMPTY(0), ISBLANK(.NULL.), ISNULL(.NULL.)

    C. EMPTY(SPACE(0)), ISBLANK(0), EMPTY(0)

    D. EMPTY(¦¦), EMPTY(SPACE(5)), EMPTY(0)

（37）执行下列程序后,屏幕上显示的结果为(　　　　)。

```
SET TALK OFF
CLEAR
x = "18"
y = "2E3"
w = "ABC"
? VAL(x) + VAL(y) + VAL(w)
```

    A. 2018.00　　　　　　　　　　　　B. 18.00

    C. 20.00　　　　　　　　　　　　　D. 错误信息

（38）已知数值型变量 x = 1, y = 2, 以下返回值为"!3!"的表达式是(　　　　)。

    A. "!" + STR(x + y,1) + "!"　　　　　B. "!" + "x + y" + "!"

    C. "!" + VAL("x + y") + "!"　　　　　D. "!" + x + y + "!"

（39）表达式"ROUND(168.98,0) < INT(168.98)"的结果为(　　　　)。

    A. .T.　　　　　　　　　　　　　　B. T

    C. F　　　　　　　　　　　　　　　D. .F.

（40）设 x = 168, y = 69, z = 'x - y', 表达式"1 + &z"的值是(　　　　)。

    A. 1 + x + y　　　　　　　　　　　B. 169

    C. 100　　　　　　　　　　　　　　D. 数据类型不匹配

（41）利用命令 DIMENSION x(2,3) 定义了一个名为 x 的数组后,依次执行 3 条赋值命令 x(3) = 10, x(5) = 20, x = 30, 则数组元素 x(1,1), x(1,3), x(2,2) 的值分别是(　　　　)。

    A. 30,30,30　　　　　　　　　　　B. F.,10,20

    C. 30,10,20　　　　　　　　　　　D. 0,10,20

（42）运行下列程序后,屏幕上的显示内容是(　　　　)。

```
y = DTOC(DATE(),1)
y = .NULL.
? TYPE("y")
```

    A. C　　　　　　　　　　　　　　　B. D

    C. L　　　　　　　　　　　　　　　D. .NULL.

（43）从内存中清除内存变量的命令是(　　　　)。

    A. RELEASE　　　　　　　　　　　B. DELETE

    C. ERASE　　　　　　　　　　　　D. DESTROY

（44）如果从键盘上输入一个表达式,应该使用（　　　）命令。

    A. ACCEPT　　　　　　　　　　　B. WAIT

    C. INPUT　　　　　　　　　　　　D. COUNT

（45）设变量 x 的值为"FOXPRO",则下列表达式中运算结果为.T.的是（　　　）。

    A. AT("PR",x)　　　　　　　　　B. BETWEEN(x,"A","J")

    C. SUBSTR(LOWER(x),4)\$x　　　D. ISNULL(SUBSTR(x,7))

（46）执行下列程序,输出结果为（　　　）。

```
SET EXACT ON
a = "ni" + SPACE(2)
    IF  a == "ni"
      ?  "A"
    ELSE
      IF  a = "ni"
        ?  "B"
      ELSE
        ?  "C"
      ENDIF
    ENDIF
```

    A. A　　　　　　　　　　　　　　B. B

    C. C　　　　　　　　　　　　　　D. .F.

2. 填空题

（1）目前用户通常是在操作系统环境下(如在"我的电脑"或"资源管理器"窗口中)创建和删除文件夹。在 VFP 中,也可以使用 MD 命令创建新文件夹、＿＿＿＿＿命令删除已建文件夹、＿＿＿＿＿命令改变当前工作目录。

（2）在 VFP 中,用户可以利用命令修改系统的操作环境(如默认工作目录等),也可以通过菜单命令打开＿＿＿＿＿对话框进行设置。

（3）利用 DBSETPROP( )函数,可以设置当前数据库的属性、当前数据库中表的字段或视图的有关属性。例如,要设置当前数据库中 js 表的 gh 字段的标题属性,可以使用函数:

```
DBSETRPOP('＿＿＿＿＿','FIELD','Caption','工号')
```

（4）在 Visual FoxPro 中,数据库表 s 中通用型字段的内容将存储在＿＿＿＿＿文件中。

（5）Visual FoxPro 6.0 是一个＿＿＿＿＿位的数据库管理系统。

（6）设变量 x 的值为'abc '(其长度为4,末尾为一个空格字符),变量 y 的值为' abc'(其长度为4,第一个字符为空格),则表达式 LEN(x + y) 和 LEN(x - y) 的返回值分别为＿＿＿＿＿＿＿。

（7）把当前表当前记录的学号、姓名字段值复制到数组 a 的命令是:

```
SCATTER FIELD 学号,姓名 ＿＿＿＿＿
```

(8) 在 Visual FoxPro 中说明数组后,数组的每个元素在未赋值之前的默认值是_____。

(9) 某企业实现人性化管理,在每个员工生日的当日会赠送礼物。若其人事档案表中包含一个出生日期字段(字段名为 csrq,类型为日期型),则根据"月日"(不包含"年份")创建索引时,其索引表达式可以为_____。

(10) 为了测试一个表文件是否已在某个工作区中打开,可使用函数_____;在命令窗口中依次执行下列 3 个命令,则屏幕显示的结果为_____。

```
CLEAR
SET DATE TO LONG
? LEN(DTOC({^2012 - 09 - 22}))
```

(11) 执行命令 a = 2005/4/2 之后,内存变量 a 的数据类型是_____型。

(12) 表达式 {^2012 - 1 - 3 10:0:0} - {^2012 - 10 - 3 9:0:0} 的数据类型是_____。

(13) 若在一个运算表达式中,逻辑运算、关系运算和算术运算混合在一起,其中不包括括号,它们的运算顺序是_____。

(14) LEFT("123456789",len('数据库')) 的计算结果是_____。

(15) 若要在 VFP 程序中调用 Windows 操作系统中的"计算器"应用程序(相应的程序文件为 calc. exe),则可以使用语句(命令):_____/N calc. exe。

(16) 表达式 STUFF("GOODBOY",5,3,"GIRL") 的运算结果是_____。

(17) ? AT("EN",RIGHT("STUDENT",4)) 的执行结果是_____。

(18) 函数 LEN(DTOC(DATE(),1)) 的返回值是_____。

(19) 设定 Visual FoxPro 的默认路径为 D:\data,使用命令_____。

(20) 用户可使用 SAVE TO 命令将内存变量保存到文件中,在默认情况下,用于保存内存变量的文件的扩展名为_____。

(21) 函数 ROUND(1234.196, -2) 的返回值为_____,SUBSTR("mystring",6) 的返回值为_____。

(22) 函数 STRTRAN(STR(35.96),SPACE(2)," *") 的返回值为_____。(提示:系统函数 STRTRAN(<字符串1>, <字符串2>, <字符串3>) 的功能是用 <字符串3>替换 <字符串1>中所包含的 <字符串2>)

(23) MESSAGEBOX() 函数的功能是显示一个用户自定义对话框。若未指定该对话框的标题,则对话框的默认标题为_____。

(24) 在 VFP 中,内存变量通常不需要特别声明(定义),在需要使用时可以直接进行赋值。但通过预先的声明,可以定义变量的作用域。例如,命令(语句)_____ x,y 声明了两个全局变量 x,y。

(25) 函数 ABS(MOD(-23, -5)) 的返回值为_____;若要产生一个 0~1 之间的随机数,可以使用函数_____。

第 4 章　数据表、库设计与操作

4.1　实训要点

1. 数据表的设计与创建

（1）了解数据表的分类（自由表和数据库表）。

（2）理解数据表的基本结构（表名、属性、记录、行、列、元组、属性值、关键字等）的相关概念。

（3）熟练运用表向导、表设计器设计数据表结构，重点掌握 CREATE TABLE-SQL 命令的使用。

（4）掌握数据表打开命令 USE 的使用，注意区分"独占 EXCLUSIVE"方式和"共享 SHARED"方式打开表的区别。

（5）掌握关闭数据表的相关命令（USE［IN 工作区号│＜表别名＞］命令、CLOSE TABLES［ALL］命令、CLOSE ALL 命令）。

（6）熟悉数据表记录输入的方式：菜单输入、APPEND［BLANK］│FROM 命令，重点掌握 INSERT INTO－SQL 记录插入命令。

（7）掌握数据表记录输出的相关命令（LIST│DISPLAY 命令），尤其注意记录输出的范围（ALL，NEXT n，REST，RECORD n）与去向（TO PRINTER│FILES ＜文件名＞）的使用。

2. 数据表维护

（1）熟练掌握数据表结构的修改，重点掌握 ALTER TABLE-SQL 命令的使用。

（2）熟练掌握数据表记录的修改，重点掌握 REPLACE 命令和 UPDATE-SQL 命令的使用。

（3）掌握数据表记录删除的相关命令：删除标记 DELETE 命令、恢复记录 RECALL 命令、彻底删除记录 PACK 和 ZAP 命令，以及 DELETE FROM-SQL 命令等。

（4）掌握字段筛选 SET FIELDS TO 命令与记录过滤 SET FILTER TO 命令，并注意区分各自的作用。

（5）掌握表结构复制 COPY STRUCTURE TO 命令，表结构和内容复制 COPY TO 命令。

3. 数据查询与统计

（1）了解表文件的基本结构，包括记录开始标志、记录指针和记录结束标志。

（2）掌握记录指针的定位操作，注意区分 GO|GOTO，SKIP 等命令在物理顺序和逻辑顺序下的区别。

（3）掌握表的相关函数：RECCOUNT( )，RECNO( )，BOF( )，EOF( )函数，尤其注意打开有记录表和空表时以上函数值的不同。

（4）掌握记录条件定位 LOCATE 命令和继续查找定位 CONTINUE 命令等。

（5）理解索引文件类型的概念及其分类：结构化复合索引文件、非结构化复合索引文件和独立索引文件。

（6）理解索引类型的概念及其分类：主索引、候选索引、普通索引和唯一索引，尤其注意区分主索引和主控索引的概念。

（7）掌握结构化复合索引文件的创建，重点掌握利用表设计器和 INDEX ON 命令创建索引。

（8）掌握使用索引定位记录的相关命令。打开索引文件命令 USE INDEX 及 SET INDEX TO 命令、指定主控索引命令 USE ORDER 及 SET ORDER TO 命令、索引定位 SEEK 命令，注意区分 SEEK 命令与 SEEK( )函数。

（9）掌握建立多重索引表达式的书写方法及相应的两个数据类型转换函数：STR( )和 DTOC( )。

（10）掌握数据统计 COUNT，SUM，AVERAGE 等相关命令的使用。

4. 工作区与多用户模式

（1）理解工作区的概念、工作区的性质、工作区的编号和别名。

（2）掌握选择工作区的 SELECT 命令及测定工作区的 SELECT( )函数，注意理解以上两者的区别。

（3）掌握同一表在不同工作区同时被打开的命令，注意后面一定要加 AGAIN 子句。

（4）理解数据缓冲的几种方式：无缓冲、保守式行缓冲、开放式行缓冲、保守式表缓冲、开放式表缓冲。

（5）掌握表的其他相关函数：FCOUNT( )，ALIAS( )，FIELD( )，USED( )，DELETE( )，重点掌握数据库表属性测试和设置函数 DBGETPROP( )和 DBSETPROP( )。

5. 数据库的设计与基本操作

（1）理解数据库的概念，掌握数据库的创建。

（2）了解数据库的管理对象，包括表、本地视图、远程视图、连接和存储过程。

（3）掌握数据库的打开、选择和关闭命令。

（4）熟练掌握数据库表的不同创建方式。

（5）掌握从数据库添加表、移去表和删除表的相关命令,尤其注意 FREE TABLE 命令的作用。

6. 数据库表的设计

（1）掌握数据库表的字段标题、注释、显示格式、输入掩码、默认类、默认值及有效性规则的设置,同时掌握使用 CREATE TABLE-SQL 命令时的相关设置。

（2）掌握数据库表长表名、记录有效性规则及触发器的相关设置。尤其注意触发器设置的相关命令和函数的应用。

7. 表间关联设计与实现

（1）理解数据库表之间的关系:一对多关系、一对一关系和多对多关系。

（2）熟练掌握表间永久关系的创建。

（3）理解参照完整性规则的概念,掌握参照完整性规则的设置。尤其要注意区分更新规则、删除规则和插入规则的不同。

（4）理解表之间临时关系的概念及其与永久关系的区别,掌握建立表间临时关系的相关操作及 SET RELATION TO 命令的使用。

4.2 实训练习

1. 选择题

(1) 关于表的备注型字段与通用型字段,以下叙述中错误的是( )。
  - A. 字段宽度都不能由用户设定
  - B. 都能存储文字和图像数据
  - C. 字段宽度都是4
  - D. 存储的内容都保存在与表文件名相同的.FPT文件中

(2) 用户在创建某个表的结构时,使用了通用型字段且为表创建了索引,则在保存该表结构后,系统会在磁盘上生成( )个文件。
  - A. 1
  - B. 2
  - C. 3
  - D. 4

(3) 在创建表时,许多类型的字段需要指定字段宽度。若要求表的某数值型字段能够存放5位小数,则该字段的宽度最少应当定义成( )。
  - A. 5位
  - B. 6位
  - C. 7位
  - D. 8位

(4) 执行如下一段程序后,浏览窗口中显示的表及当前工作区号分别是( )。

```
CLOSE ALL
USE xs
SELECT 3
USE js
USE kc IN 0
BROWSE
```

  - A. kc,2
  - B. js,3
  - C. kc,3
  - D. js,2

(5) 以下命令中记录指针为按物理位置移动的是( )。
  - A. GO TOP
  - B. GO BOTTOM
  - C. GO n
  - D. SKIP n

(6) 同一个数据表文件全部备注字段的内容存储在( )。
  - A. 不同的备注文件
  - B. 同一个文本文件
  - C. 同一个备注文件
  - D. 同一个数据库文件

(7) 用表设计器创建一个自由表时,不能实现的操作是( )。
  - A. 设置某字段可以接受NULL值
  - B. 设置表中某字段的类型为通用型
  - C. 设置表某个字段为候选索引
  - D. 设置表中某字段的默认值

(8) 可以链接或嵌入OLE对象的字段类型是( )。
  - A. 备注型字段
  - B. 通用型和备注型字段

C. 通用型字段　　　　　　　　　　　D. 任何类型字段

（9）设某数据库中的学生表（xs. DBF）已在 2 号工作区中打开，且当前工作区为 1 号工作区，则下列命令中不能将该 xs 表关闭的是（　　　）。

    A. CLOSE TABLE ALL　　　　　　　B. USE IN 2

    C. CLOSE DATABASE ALL　　　　　D. USE

（10）复制表文件的结构使用（　　　）命令。

    A. APPEND　　　　　　　　　　　　B. DISPLAY

    C. COPY STRUCTURE TO　　　　　D. TYPE

（11）设当前表中共有 10 条记录，当前记录号是 3，执行命令 LIST REST 后，所显示记录的记录号范围是（　　　）。

    A. 3 ~ 5　　　　　　　　　　　　　　B. 4 ~ 10

    C. 3 ~ 10　　　　　　　　　　　　　D. 4 ~ 6

（12）若为 xs 表添加一个宽度为 6 的字符型字段 mc，以下命令中正确的是（　　　）。

    A. ALTER TABLE xs ADD mc C(6)

    B. ALTER xs ADD COLUMN mc C(6)

    C. ALTER TABLE xs ALTER mc C(6)

    D. ALTER TABLE xs ADD FIELD mc C(6)

（13）MODIFY STRUCTURE 命令的功能是（　　　）。

    A. 修改记录值　　　　　　　　　　B. 修改表结构

    C. 修改数据库结构　　　　　　　　D. 修改数据库或表的结构

（14）若要将 xs 表中的 xm 字段更名为 mc，以下命令中正确的是（　　　）。

    A. ALTER TABLE xs RENAME xm TO mc

    B. ALTER xs RENAME xm TO mc

    C. ALTER TABLE xs RENAME xm mc

    D. ALTER TABLE xs RENAME xm INTO mc

（15）利用 SET DATE 命令可以设置日期显示的格式。例如，将日期显示为"2012 年 3 月 24 日"形式，可以使用命令（　　　）进行日期格式设置。

    A. SET DATE TO YMD　　　　　　　B. SET DATE TO "年月日"

    C. SET DATE TO CHINESE　　　　　D. SET DATE TO LONG

（16）在创建某数据库表时，给表指定了主索引。该主索引可以实现数据完整性中的（　　　）。

    A. 参照完整性　　　　　　　　　　B. 域完整性

    C. 实体完整性　　　　　　　　　　D. 用户自定义完整性

（17）以下关于工作区的说法不正确的是（　　　）。

    A. 每个工作区中只能打开一个表文件，但能打开多个索引文件

    B. VFP 共有 32767 个工作区

C. SELECT 0 命令是选择未被使用的最小编号工作区为当前工作区

D. SELECT(1)返回当前工作区号

(18) 打开 xs 表的命令是(   )。

A. USE xs B. USE TABLE xs

C. OPEN xs D. OPEN TABLE xs

(19) 以下不表示关闭表的命令的是(   )。

A. USE B. USE ALL

C. CLOSE ALL D. CLOSE TABLES

(20) 表文件 gz 已经打开,为了确保指针定位在物理记录号为 1 的记录上,应该使用命令(   )。

A. GO TOP B. GO BOTTOM

C. SKIP 1 D. GO 1

(21) 打开只有一条记录的表,分别用函数 EOF( )和 BOF( )测试,其结果一定是(   )。

A. . T. 和 . T. B. . F. 和 . F.

C. . T. 和 . F. D. . F. 和 . T.

(22) 设当前表文件中有日期型字段"出生日期"和逻辑型字段"代培否"(其值为 T,表示代培)。不能显示当前表中所有 1988 年后出生的非代培学生的记录的命令是(   )。

A. LIST FOR 出生日期 >= {^1988 - 01 - 01} . AND. . NOT. 代培否

B. LIST FOR YEAR(出生日期) >= 1988 . AND. . NOT. 代培否

C. LIST FOR YEAR(出生日期) >= "1988" . AND. 代培否

D. DISP FOR 出生日期 >= {^1988 - 01 - 01} . AND. . NOT. 代培否

(23) 浏览 xb 为女的所有记录的 xh 和 xm 字段的值,且不可修改,只能追加或删除,并将浏览窗口标题命名为"女学生",应使用命令(   )。

A. BROWSE xh, xm FOR xb = "女"

B. BROWSE FIELDS xh, xm FOR xb = "女" NOMODIFY TITLE "女学生"

C. BROWSE FIELDS xh, xm FOR xb = "女" NOREAD TITLE "女学生"

D. BROWSE FIELDS xh, xm FOR xb = "女" FREEZE xm, xh TITLE "女学生"

(24) 学生表 xs 的表结构为:学号(xh C(10)),姓名(xm C(10)),出生日期(csrq,D),性别(xb,L),入学成绩(rxcj,N(5,1)),用 INSERT 命令向 xs 表添加一条新记录,记录内容见表 1-4-1。

表 1-4-1 xs 表记录

xh	xm	csrq	xb	rxcj
2044610006	郑玉奇	1995/02/02	. T.	426

下列命令中正确的是(   )。

A. INSERT INTO xs VALUES("2044610006","郑玉奇",{^1995/02/02},;
 .T.,426)

B. INSERT TO xs VALUES("2044610006","郑玉奇",{^1995/02/02},.T.,;
 426)

C. INSERT INTO xs VALUES(2044610006,郑玉奇,1995/02/02,.T.,426)

D. INSERT TO xs VALUES(2044610006,郑玉奇,1995/02/02,.T.,426)

(25)对 xsb 表进行删除全部记录的操作,下列 4 组命令中功能等价的是( )。

a. DELETE ALL

b. DELETE ALL
 PACK

c. ZAP

d. 把 xsb.dbf 文件拖放到回收站中

A. a,b,c   B. c,d

C. b,c   D. b,c,d

(26)当前打开的图书表中有字符型字段"图书号",要求将图书号以字母 A 开头的图书记录全部打上删除标记,通常可以使用( )。

A. DELETE FOR 图书号 ="A"

B. DELETE WHILE 图书号 ="A"

C. DELETE FOR LIKE("A * ",图书号)

D. DELETE FOR LIKE("A?",图书号)

(27)删除当前表中全部记录的命令是( )。

A. ERASE *.*   B. DELETE *.*

C. ZAP   D. CLEAR ALL

(28)若要删除当前表中某些记录,应先后使用的两条命令是( )。

A. DELETE—ZAP   B. DELETE—PACK

C. ZAP—PACK   D. DELETE—RECALL

(29)已经打开表文件 xs.dbf,其中有出生年月(日期型)和年龄(数值型)字段,要计算每个职工今年的年龄并把其值填入年龄字段中,应使用命令( )。

A. REPLACE 年龄 WITH YEAR(DATE()) – YEAR(出生年月)

B. REPLACE ALL 年龄 WITH YEAR(DATE()) – YEAR(出生年月)

C. REPLACE ALL 年龄 WITH DATE() – 出生年月

D. REPLACE ALL 年龄 WITH DTOC(DATE()) – DTOC(出生年月)

(30)gz(工资)表中有 jbgz(基本工资)、zc(职称)字段,要给所有职称为教授或副教授的人员每人基本工资增加 300 元,不可以使用的命令是( )。

A. UPDATE gz SET jbgz = jbgz +300 WHERE "教授" $ zc

B. UPDATE gz SET jbgz = jbgz +300 WHERE RIGHT(zc,4) ="教授"

C. REPLACE ALL jbgz WITH jbgz +300 FOR zc ="教授" OR zc ="副教授"

D. UPDATE gz SET jbgz = jbgz + 300 WHERE zc = "教授" OR zc = "副教授"

(31) 以下关于 LOCATE 命令表述正确的是(   )。

    A. LOCATE 命令是进行索引查询

    B. 使用该命令前必须建立相应的索引

    C. 该命令是查找并定位在指定范围满足条件的第一条记录上

    D. 其后面只能跟一个 CONTINUE 命令

(32) 在创建表索引时,索引表达式可以包含表的一个或多个字段。在下列字段类型中,不能直接选作索引表达式的是_____。

    A. 货币型   B. 日期时间型

    C. 逻辑型   D. 备注型

(33) 如果要对自由表某一字段的数据建立唯一性保护机制(即表中该字段的值不重复),以下表述中正确的是(   )。

    A. 对该字段创建主索引   B. 对该字段创建唯一索引

    C. 对该字段创建候选索引   D. 对该字段创建普通索引

(34) 创建索引时必须定义索引名。定义索引名时,下列叙述中不正确的是(   )。

    A. 索引名只能包含字母、汉字、数字符号和下划线

    B. 组成索引名的长度不受限制

    C. 索引名可以与字段名同名

    D. 索引名的第一个字符不可以为数字符号

(35) 下列描述中错误的是(   )。

    A. 组成主索引的关键字或表达式在表中不能有重复的值

    B. 主索引只能用于数据库表,但候选索引可用于自由表和数据库表

    C. 唯一索引表示参加索引的关键字或表达式在表中只能出现一次

    D. 在表设计器中只能创建结构复合索引文件

(36) 打开表并设置当前有效索引(相关索引已建立)的正确的命令是(   )。

    A. ORDER student IN 2 INDEX 学号   B. USE student IN 2 ORDER 学号

    C. INDEX 学号 ORDER student   D. USE student IN 2

(37) 用命令"INDEX ON TAG index_name"建立索引,其索引类型是(   )。

    A. 主索引   B. 候选索引

    C. 普通索引   D. 唯一索引

(38) VFP 中若要将当前工作区中打开的表文件 gzb. dbf 复制到 C 盘根目录下生成一个文件名为 gzb1 的 EXCEL 文件,则可以使用命令(   )。

    A. COPY gzb. dbf TO C:\gzb1. xls   B. COPY TO C:\gzb1. xls

    C. COPY TO C:\gzb1. xls TYPE SDF   D. COPY TO C:\gzb1 TYPE XLS

(39) 下列命令中(   )不可在共享方式下运行。

    A. APPEND   B. PACK

C. LIST   D. BROWSE

(40) 已知 zg 表中有 gzrq(工作日期),将 zg 表中所有工作年龄超过 55 的职工记录加注删除标记,则可以使用命令(   )。

    A. DELETE FROM zg WHERE (DATE( ) − gzrq)/365 > 55

    B. DELETE zg WHERE (DATE( ) − gzrq)/365 > 55

    C. DELETE zg WHERE (YEAR(DATE( )) − YEAR(gzrq)) > 55

    D. DELETE FROM zg FOR (DATE( ) − gzrq)/365 > 55

(41) 已知在 zgqk 表中存在字段 gzrq(工作日期,D)和 gzze(工资总额,N),为 zgqk 表建立索引,要求先根据 gzrq 排序,相同时再根据 gzze 排序,则索引表达式为(   )。

    A. DTOC(gzrq, 1) + SUB(gzze, 1)   B. DTOC(gzrq) + STR(gzze)

    C. DTOC(gzrq, 1) + gzze   D. DTOC(gzrq, 1) + STR(gzze)

(42) 在 Visual FoxPro 中创建数据库后,系统自动生成的 3 个文件的扩展名分别为(   )。

    A. .PJX, .PJT, .PRG   B. .DBC, .DCT, .DCX

    C. .FPT, .FRX, .FXP   D. .DBC, .SCT, .SCX

(43) 数据库是许多相关的数据库表及其关系等对象的集合。在下列关于 VFP 数据库的叙述中,错误的是(   )。

    A. 可以用命令新建数据库

    B. 数据库表之间创建"一对多"永久关系时,主表必须用主索引或候选索引

    C. 从项目管理器中可以看出,数据库包含表、视图、查询、连接和存储过程

    D. 创建数据库表之间的永久性关系,一般在数据库设计器中进行

(44) 打开一个数据库,只需执行(   )命令。

    A. OPEN DATABASE   B. USE

    C. CLEAR   D. CLOSE

(45) 关于数据库的操作,下列叙述中正确的是(   )。

    A. 数据库被删除后,它包含的数据库表也随之被删除

    B. 打开了新的数据库,则原先打开的数据库将被关闭

    C. 数据库被关闭后,它所包含的已打开的数据库表被关闭

    D. 数据库被删除后,它所包含的表可以自动地变成自由表

(46) 字段和记录的有效性规则值保存在(   )。

    A. 表的索引文件中   B. 表文件中

    C. 项目文件中   D. 数据库文件中

(47) 数据库表可以设置字段有效性规则,字段有效性规则属于域完整性范畴,其中的"规则"是一个(   )。

    A. 逻辑表达式   B. 字符表达式

    C. 数值表达式   D. 日期表达式

(48) 数据库表的字段扩展属性中,通过把(   )设置为 A,可以限制字段的内容

仅为英文字母。

    A. 字段格式   B. 输入掩码

    C. 字段标题和注释   D. 字段级规则

 （49）如果一个数据库表的 DELETE 触发器设置为.F.,则不允许对该表作( )的操作。

    A. 修改记录   B. 增加记录

    C. 删除记录   D. 显示记录

 （50）数据库表的 INSERT 触发器,( )触发该规则。

    A. 在表中增加记录时   B. 在表中修改记录时

    C. 在表中删除记录时   D. 在表中浏览记录时

 （51）数据库表之间创建的永久性关系保存在( )中。

    A. 数据库表   B. 数据环境设计器

    C. 表设计器   D. 数据库

 （52）要在两张相关的表之间建立永久关系,这两张表应该是( )。

    A. 同一个数据库内的两张表   B. 两张自由表

    C. 一张自由表、一张数据库表 D. 任意两张数据库表或自由表

 （53）下列关于表之间的永久性关系和临时性关系的描述中,错误的是( )。

    A. 永久性关系只能建立于数据库表之间,而临时性关系可以建立于各种表之间

    B. 表关闭之后临时性关系消失

    C. 如果数据库表之间存在永久性关系,只要打开表,永久关系就起作用

    D. VFP 中临时性关系不保存在数据库中

 （54）当成功执行以下一组命令后,下列说法不正确的是( )。

```
OPEN DATABASE jxsj
OPEN DATABASE rsda
```

    A. 由于打开了第二个数据库 rsda,而关闭了 jxsj 数据库

    B. 当前数据库是 rsda

    C. 表达式 DBUSED("jxsj") 和 DBUSED("rsda")的值为.T.

    D. 再执行 CLOSE DATABASES 命令后,jxsj 库没有被关闭

 （55）设计数据库时,可使用纽带表来处理表与表之间的( )。

    A. 多对多关系   B. 临时性关系

    C. 永久性关系   D. 继承关系

 （56）参照完整性的作用是控制( )。

    A. 字段数据的输入

    B. 记录表中相关字段之间的数据有效性

    C. 表中数据的完整性

    D. 相关表之间的数据一致性

 （57）在 VFP 中,如果指定两个表的参照完整性的删除规则为"级联",则当删除父

表中的记录时,(　　　)。

  A. 系统自动备份父表中被删除记录到一个新表中

  B. 若子表中有相关记录,则禁止删除父表中记录

  C. 若子表中有相关记录,自动删除子表中所有相关记录

  D. 不作参照完整性检查,删除父表记录与子表无关

 (58) 如果一张表的字段级规则、记录级规则以及更新触发器都与同一个字段有关,则在修改此字段的值后,(　　　)将先起作用。

  A. 记录规则   B. 更新触发器

  C. 字段规则   D. 不能确定

 (59) 表之间的"临时性关系",是在两个打开的表之间建立的关系。如果两个表中有一个被关闭,则该"临时性关系"(　　　)。

  A. 消失   B. 永久保留

  C. 转化为永久关系   D. 临时保留

 (60) 建立两张表之间的临时关系时,必须设置的是(　　　)。

  A. 主表的主索引

  B. 主表的主索引和子表的主控索引

  C. 子表的主控索引

  D. 主表的主控索引和子表的主控索引

 (61) 下列有关项目、数据库和表的叙述中,错误的是(　　　)。

  A. 在一个项目中可以创建多个数据库,一个数据库也可以从属于多个项目

  B. 在一个数据库中可以创建多个数据库表,一个数据库表也可以从属于多个数据库

  C. 数据库表可以移出数据库成为自由表,自由表可以添加到数据库中成为数据库表

  D. 用户既可以使用命令创建表,也可以使用表设计器创建表

 (62) 使用命令创建一个表或修改表结构时,字段的数据类型可以使用单个字符表示。例如,数据类型为"货币型",应使用字符(　　　)表示。

  A. Y   B. F

  C. B   D. M

2. 填空题

 (1) 在 VFP 中,一张二维表存放在磁盘中的形式可能有两种,分别是_____和_____。

 (2) 在 VFP 中所谓自由表就是那些不属于任何_____的表。

 (3) VFP 系统中,自由表的字段名、表的索引标识名至多只能由_____个字符组成。

 (4) 已知 xs(学生)表的结构,见表 1-4-2。

表 1-4-2　xs 表结构

字段名	类型	长度	中文含义
xh	字符	12	学号
xm	字符	8	姓名
xb	字符	2	性别
csrq	日期	8	出生日期
zzmm	逻辑	1	政治面貌
jl	备注	4	个人简历

下列命令用来创建 xs 表的结构,请将它完善。

```
CREATE _____ xs(xh C(12), xm C(8), xb C(2),csrq D,_____,jl M)
```

(5) 执行以下命令后,系统可以设置_____个字段接受 NULL 值,分别是_____和_____字段。

```
SET NULL ON
CREATE TABLE zg (gh C(6), xm C(8) NOT NULL, csrq D NULL)
```

(6) 用户使用 CREATE TABLE-SQL 命令创建表的结构,字段类型必须用单个字母表示。对于双精度型字段,字段类型用单个字母表示时为_____。

(7) 与自由表相比,数据库表可以设置许多字段属性和表属性。其中,表属性主要有表名(即长表名)、表注释、记录有效性和_____等。

(8) 将 xsda 表文件中的学号字段(xh, C(8))的宽度修改为 10,可执行如下命令:

```
ALTER TABLE xsda _____ COLUMN xh C(10)
```

(9) 从 xs 表中删除 bj 字段用 SQL 命令_____。

(10) 使用一条命令关闭非当前工作区中 js 表,可用命令:USE _____ js。

(11) 在 Visual FoxPro 中选择一个没有使用的、编号最小的工作区的命令是(关键字必须拼写完整)_____。

(12) 使用 USE 命令可以打开或关闭表。如果 xs 表已经在第 1 号工作区中打开,则要在第 10 号工作区中再次打开 xs 表则使用命令 USE xs _____ IN 10。

(13) 执行以下程序,3 个 SELECT( )函数的输出值分别是_____。

```
CLOSE TABLES ALL
SELECT 3
USE js
SELECT xh, xm, csrq FROM xs INTO CURSOR t3
? SELECT("xs")
?? SELECT("t3")
?? SELECT(0)
```

(14) 若已经为在当前工作区中打开的表设置了主控索引,将记录指针移动到物理顺序的第一条记录,所用的命令为 GOTO 1,而将记录指针移动到逻辑顺序的首记录所使用的命令为_____。

（15）使用命令 CREATE TRIGGER ON js FOR DELETE AS _____，可以为 js 表设置删除触发器，以禁止删除该表的记录。

（16）设 js 表（教师表）的结构及 js 表所包含的记录见表 1-4-3 和表 1-4-4。

表 1-4-3　js 表结构

js. DBF		
字段名	数据类型	含义
gh	C(4)	工号
xm	C(8)	姓名
xb	C(2)	性别
jbgz	N(7,2)	基本工资
hf	L	婚否(. T. 为已婚)

表 1-4-4　js 表记录

js. DBF				
gh	xm	xb	jbgz	hf
A001	王芳	女	3000	. T.
B001	李伟	男	2000	. T.
A002	高进	男	1500	. T.
A003	刘芳	女	3000	. T.
C001	赵辉	男	1500	. F.

运行下列程序段后，显示输出的 3 行结果分别为：_____，_____，_____。

```
USE js
m1 = xm
m2 = LEN(xb)
? m1 + SPACE(2) + IIF(hf, "已婚", "未婚")
m3 = 0
SCAN
m3 = m3 + jbgz
SKIP
ENDSCAN
? m3
m4 = STR(RECCOUNT())
? m4
```

（17）已知 xs 表按 xh 字段升序建立索引标识 xh，xs 表记录数据见表 1-4-5。

表 1-4-5　xs 表记录

记录号	xh	xm	xb	csrq
1	970002	李一	男	11/12/85
2	970004	王二	男	09/10/86
3	970001	张小丽	女	12/11/84
4	970003	赵芳	男	10/12/85

则依次执行命令后，屏幕上显示的结果为_____。

```
USE xs ORDER xh
GO TOP
```

```
SKIP
? RECNO( )
GO BOTTOM
?? RECNO( )
GO 3
?? RECNO( )
```

(18) 某教学管理数据库中有一张学生表,其表结构及其所含的记录数据见表 1-4-6。

表 1-4-6　学生表结构及记录

学号(xh/C/6)	姓名(xm/C/6)	性别(xb/C/2)	日期(rq/D)
010201	王玲	女	06/02/82
010203	李勇	男	06/09/82
010202	张山	男	02/08/81
010301	刘芳	女	09/08/83
010402	王勇敢	男	02/28/82
010302	李园园	女	12/12/81
010401	张勇	男	10/09/82

运行以下程序后 VFP 主窗口显示的结果是_____。

```
SET TALK OFF
n = 0
CLEAR
GO TOP
DO WHILE  NOT  EOF( )
IF AT("勇", xm) > 0
n = n + 1
ENDIF
SKIP
ENDDO
? n
```

(19) 给出程序,xs 表共有 10 条记录,请写出结果_____。

```
USE xs
? RECNO( ), BOF( )
SKIP -1
? RECNO( ), BOF( )
GO 4
? RECNO( )
SKIP
SKIP -3
```

```
? RECNO( )
GO BOTTOM
? RECNO( ),EOF( )
SKIP
? RECNO( ),EOF( )
```

（20）在 VFP 中，使用 LOCATE ALL FOR ＜条件＞时，若查不到记录，函数 EOF( ) 的值为_____。

（21）js 表已设置了记录有效性规则，使用命令：ALTER TABLE js DROP _____ 可以删除该表的记录有效性规则。

（22）使用 SET FILTER TO 命令所设置的过滤器，对 DELETE-SQL 命令、UPDATE-SQL 命令和_____命令不起作用。

（23）在当前被打开的表的末尾添加一条或多条记录，使用命令应为_____。

（24）将 D 盘"新建文件夹"下的 stu 表中的 xh,xm 和 xb 记录追加到当前打开的表中，应用命令_____。

（25）使用 SET _____ ON 命令可以过滤对做了删除标记的记录进行操作。

（26）设有订单表 order（其中包括字段：签订日期，D 型），删除 2002 年 1 月 1 日前签订的记录，正确的 SQL 命令为 DELELTE FROM order _____。

（27）利用 COPY TO abc SDF 命令可以将当前工作区中打开的表的数据复制到 abc 文件中，该 abc 文件的文件扩展名默认为_____。

（28）已知教师表 js.DBF 的表结构，见表 1-4-7。

表 1-4-7　js 表结构

字段名	类型	字段宽度	小数位数	字段含义
gh	C	10		工号
xm	C	8		姓名
gl	N	2	0	工龄
jbgz	N	7	2	基本工资

按如下要求更改基本工资（jbgz）：

工龄在 15 年以下（含 15 年）者基本工资加 250；

工龄在 15 年以上（不含 15 年）者基本工资加 400。

```
UPDATE js _____ jbgz = IIF(_____,_____,_____)
```

（29）js 表中有 jbgz,csrq 等字段，若要将所有工龄不满 30 年的工资加 100，请写出两种命令方式：_____，

_____。

（30）打开一个表时，_____索引文件将自动打开，表关闭时它将自动关闭。

（31）在 xs 表中已建立以 xb（字符型）和 csrq（日期型）为字段表达式的索引，索引名分别为 xb 和 csrq，现需要先以 xb 为索引顺序，xb 相同时再以 csrq 为索引顺序，索引

表达式为＿＿＿＿＿＿＿。

（32）二维表中能唯一确定记录的一列或多列的组合称为超关键字。若一个超关键字去掉其中任何一个列后不再能唯一确定记录,则称其为＿＿＿＿＿＿＿。

（33）执行下列命令:

```
SET EXCLUSIVE OFF
USE js
USE xs EXCLUSIVE IN 0
```

js 表的打开方式是＿＿＿＿＿,xs 表的打开方式是＿＿＿＿＿。

（34）在多用户环境下,VFP 系统以两种锁定方式提供缓冲,即开放式和＿＿＿＿。

（35）执行以下命令后,结果是＿＿＿＿。

```
USE xs
? ALIAS()
USE xs AGAIN IN 5
? ALIAS(5)
USE xs AGAIN IN 15
? ALIAS(15)
```

（36）利用 COPY 命令可以将当前工作区中的表复制成分隔文件(一种 ASCII 文件)。若当前工作区中已打开 xs 表,则使用命令 COPY TO xyz ＿＿＿＿＿＿＿＿ 可以将 xs 表复制成文件 xyz. TXT。

（37）在 xs 表中有字段 csrq(出生日期,D)、xb(性别,C)、cj(成绩,N),统计所有年龄小于 18 岁学生的人数并保存到变量 a1 中,使用的命令是＿＿＿＿＿＿＿＿＿＿＿＿＿＿＿＿＿＿＿＿＿;统计所有学生不及格成绩的总和并保存到变量 a2 中,使用的命令是＿＿＿＿＿＿＿＿＿＿＿＿＿＿＿＿＿＿＿＿;统计所有学生的平均年龄并保存到变量 a3 中,使用的命令是＿＿＿＿＿＿＿＿＿＿＿＿＿＿＿＿＿＿＿＿＿＿。

（38）在表 test 中,有两个字段分别是 gzrq(工作日期,D)和 csrq(出生日期,D),要求先根据工作日期排序,相同时再根据出生日期排序,则索引表达式为＿＿＿＿＿＿＿＿。

（39）若 SEEK 找到了与索引关键字相匹配的记录,则 FOUND( )值为＿＿＿＿＿,BOF( )值为＿＿＿＿;若 SEEK 没有找到记录,则 RECNO( )值为＿＿＿＿＿＿＿。

（40）数据库是一种数据容器。从项目管理器窗口看,数据库可以包含的子项有:表、＿＿＿＿、远程视图、连接和存储过程。

（41）假定有 3 个数据库文件:mydata1,mydata2,mydata3,它们分别存放在 C 盘的 DATA 目录、D 盘的 data 目录和 A 盘的 data 目录中,请完善下列程序,使得程序执行以后,DBC( )函数的值为 D:\data\mydata2. DBC。

```
OPEN DATABASE C:\data\mydata1
OPEN DATABASE D:\data\mydata2
OPEN DATABASE A:\data\mydata3

＿＿＿＿＿＿＿＿＿＿＿
?  DBC( )
```

（42）数据库表和数据库之间的相关性是通过表文件和库文件之间的双向链接实

现的。双向链接包括前链和后链。其中，_____是保存在数据库文件中的有关表文件的路径和文件名信息，_____是保存在表头中的拥有该表的数据库文件的路径和库文件名信息。

（43）为 xs 表的 nl 字段设置范围在 17 至 26 之间，则该字段的验证规则应为_____。

（44）如需要为 xs 表的 cj 字段设置字段验证规则为在 0 和 100 之间，则对应的命令为：

_____ TABLE xs ALTER COLUMN cj _____ (cj >=0 AND cj <=100)

（45）在 xs 表中设计学号（xh）的更新条件为开头 2 位只能是"00"至"05"之间，则应在_____触发器中输入_____。

（46）在设置表之间的参照完整性规则时，系统给定的更新和删除规则有 3 个，即级联、限制和忽略，而插入规则仅有两个，即_____和_____。

（47）某公司商品数据库中包含供应商表和商品表，表结构见表 1-4-8。

表 1-4-8　供货商表和商品表的结构

供货商表的表结构			商品表的表结构		
字段名	数据类型	宽度	字段名	数据类型	宽度
供应商 ID	N	8	产品 ID	N	8
公司名称	C	40	产品名称	C	40
联系人	C	30	供应商 ID	N	8
地址	C	60	类别	C	20
城市	C	10	单位数量	N	6
邮政编码	C	6	单价	N	7,2
电话	C	24	库存量	N	8

商品表的主关键字是"产品 ID"，供应商表的主关键字是"供应商 ID"，这两个表存在一对多关系，且所有的商品都是来自已知的供应商。其中主表是供应商表。如果要在这两个表之间建立永久关系，则应在主表中以_____字段为索引关键字建立主索引，在子表中以_____字段为索引关键字建立普通索引。

以上两个表的部分记录如表 1-4-9 和表 1-4-10。建立的参照完整性规则为：更新级联、删除限制、插入限制。就表中已知的数据而言，如果把供应商表中记录号为 125 的记录的"供应商 ID"字段值更改为 2037，则商品表中会有_____条记录被更改。

表 1-4-9　供货商表部分记录

记录号	供应商 ID	公司名称	联系人	地址	城市	邮政编码	电话
125	2034	佳佳乐	陈小姐	西大街 10 号	北京	100023	(010)65552222
126	3028	富康食品	黄小姐	幸福街 90 号	北京	100045	(010)65554822
127	3475	福满多	胡先生	前进街 22 号	福建	848100	(0544)5603237

表 1-4-10　商品表部分记录

记录号	产品 ID	产品名称	供应商 ID	类别	单位数量	单价	库存量
356	11	苹果汁	2034	饮料	每箱 24 瓶	18.00	96
357	20	牛奶	2034	饮料	每箱 24 瓶	19.00	4
358	23	番茄酱	3475	调味品	每箱 12 瓶	10.00	120
359	34	麻油	3028	调味品	每箱 12 瓶	21.30	36
360	39	海苔酱	3028	调味品	每箱 24 瓶	21.05	33
361	46	肉松	3028	调味品	每箱 24 瓶	17.00	58
362	50	龙虾	3475	海鲜	每袋 500 克	6.00	308

（48）已知某数据库中有学生表和成绩表，且两表之间已经建立了参照完整性（学生表为主表，成绩表为子表）。如果将学生表中某位学生的记录删除，要求该学生在成绩表中的所有成绩记录自动删除，则两表之间的参照完整性的＿＿＿＿＿＿＿＿＿应设置为＿＿＿＿＿。

（49）若当前数据库中有一个名为 xs 的表，则利用函数设置该表注释设置为"学生基本情况表"的命令为：

```
= DBSETPROP("xs", ＿＿＿＿＿ ,"comment","学生基本情况表")
```

（50）在 VFP 中，＿＿＿＿＿＿＿＿＿是保存在数据库中的过程代码，它由一系列用户自定义函数（过程）或在创建表之间参照完整性规则时系统创建的函数（过程）组成。

（51）设当前工作目录中有一个文件名为 abc 的表，表中有多个字段。若要将其中一个字段名为 bb 的字段删除，可以使用如下命令：

```
ALTER TABLE abc ＿＿＿＿＿＿＿＿ bb
```

（52）在对表进行操作时，可以使用命令进行记录的定位。例如，使用 LOCATE FOR 命令进行记录的条件定位，使用 GOTO 命令进行记录的绝对定位，使用＿＿＿＿＿命令进行记录的相对定位。

（53）在实际应用中，通常需要针对具有一对多关系的两个数据库表创建永久性关系。在这种情况下，需要针对相关字段在主表中创建主索引或候选索引，子表中创建＿＿＿＿＿＿索引。

（54）设当前工作目录中有一个表名为 gzb 的自由表，表中有多条记录。若要使用 DELETE-SQL 命令将表中所有记录逻辑删除（即加注删除标记），该命令为：

```
DELETE ＿＿＿＿＿ gzb
```

第 5 章　查询与视图设计

5.1　实训要点

1. 查询设计

（1）掌握多种进入查询设计器建立查询的方式。

（2）掌握在查询设计器中添加表或视图的方式。注意添加 3 个以上表的添加顺序。

（3）掌握在查询设计器中添加表达式形成新的数据列的方式以及使用函数进行统计的方法。

注意:① SUM( )函数与 IIF( )组合使用的方式;② AVG( )函数不能写成 AVERAGE;③ COUNT( )函数计数是对整条记录,在实际题目中描述为学生人数、选课人数、选课门数等,具体由分组字段的意义决定。

（4）掌握查询设计器中表间联接类型的设置,一般默认为内联接。

（5）掌握查询设计器筛选条件中的各种比较符号的使用,包括 = , LIKE, == ,>, >= , < , <= , IS NULL, BETWEEN 和 IN。

（6）掌握查询设计器中排序依据的设计。该项中可以使用列在查询输出列中的所有字段和表达式。各个排序表达式可以分别指定升序、降序。

（7）掌握查询设计器中分组依据的设计。分组依据就是要确定数据汇总的关键字。

（8）掌握查询设计器中杂项的设计。使用该项设计时必须先设计排序依据。

（9）熟练掌握查询设计器中查询结果的去向。

（10）熟练掌握 SQL – SELECT 命令。

```
SELECT [ALL |[表名.] * ] [DISTINCT][TOP n [PERCENT]];
    [表名.]字段名 1 |表达式 [AS 标题];
    [表名.字段名 2 |表达式 AS 标题…];
    FROM [ <数据库名 >!] <主表名 >;
    < INNER | LEFT |RIGHT |FULL >JOIN <联接子表名 >ON <联接条件表达式 >;
    [WHERE <条件表达式 >[AND |OR <条件表达式 >…]];
    [GROUP BY <字段 1 > [ , <字段 2 >…] |N [HAVING <条件表达式 >]];
    [ORDER BY <字段 1 > [ASC |DESCEND][, <字段 2 > |N [ASC |DESCEND]…]];
    [TO SCREEN |INTO CURSOR <临时表名 > |INTO TABLE <表名 >;
```

```
|INTO ARRAY <数组名> |TO FILE <文本文件名>[ADDITIVE];
| TO PRINTER [PROMPT]];
    [UNION [ALL]子查询]
```

ALL 子句及[表名.]字段名1|表达式 [AS 标题]子句:输出数据项。该子项表示查询输出的数据列的组成情况及查询输出包含的特定数目的行数(或百分比 PERCENT)。该子句组成情况复杂,变化多样,可以是字段、常量、表达式等,常有 SUM( ),AVG( ), MAX( ), MIN( ), COUNT( )等函数组成的表达式。

FROM <数据库名>! <主表名>子句:确定数据来源。数据源可以是表或视图;多个表时注意表之间的联接条件。

WHERE 子句:数据筛选。即对原表中的数据进行筛选,筛选条件也可以是子查询。

GROUP BY 子句:数据分组。一般来说,输出项中有 SUM( ), AVG( ), MAX( ),MIN( ), COUNT( )等函数时,一定有数据分组项。在此项中还可以用 HAVING 对最终的查询结果中的数据进行输出的筛选。注意它与 WHERE 子句功能的区别。

ORDER BY 子句:数据排序。可以有多个排序依据,根据排序的优先级依次列出数据项即可。

TO SCREEN 等子句:数据去向。省略时默认输出到浏览窗口。注意输出到不同文件时所使用的关键词。

(11) 掌握查询向导、交叉表向导、图形向导 3 种类型的概念。

(12) 掌握查询运行的命令:

```
DO <查询文件名>.QPR
```

命令中的扩展名.QPR 不能省。

(13) 掌握修改查询的命令:

```
MODIFY COMMOND <查询文件名>.QPR
```

2. 视图设计

(1) 了解视图的概念和分类。视图不是独立文件,没有扩展名,不能离开数据库存在,其内容保存在数据库文件.DBC 中。

(2) 理解查询与视图的区别。查询的结果不能修改,视图的结果可以修改并将修改返回到数据源表中。

(3) 了解 ODBC 的概念。

(4) 掌握使用视图设计器设计视图的方法。

(5) 学会使用视图。

5.2 实训练习

1. 选择题

(1) 对于查询和视图的叙述,正确的是(　　)。

  A. 都保存在数据库中

  B. 都可以用 USE 命令打开

  C. 都可以更新基表

  D. 都可以作为列表框对象的数据源

(2) 查询文件中保存的是(　　)。

  A. 查询的命令　　　　　　　　B. 查询的结果

  C. 与查询有关的基表　　　　　　D. 查询的条件

(3) 下列说法正确的是(　　)。

  A. 视图文件的扩展名为. VCX

  B. 查询文件中保存的是查询的结果

  C. 查询设计器实质上是 SELECT – SQL 命令的可视化设计方法

  D. 查询是基于表的并且可以更新的数据集合

(4) 在 SQL 的 SELECT 查询结果中,消除重复记录的方法是(　　)。

  A. 通过指定主关键字

  B. 通过指定唯一索引

  C. 使用 DISTINCT 子句

  D. 使用 HAVING 子句

(5) 视图是一种存储在数据库中的特殊表,当它被打开时,对于本地视图而言,系统将同时在其他工作区中把视图所基于的基表打开,这是因为视图包含一条(　　)语句。

  A. SELECT-SQL　　　　　　　B. USE

  C. LOCATE　　　　　　　　　D. SET FILTER TO

(6) 在 SQL-SELECT 中,"HAVING ＜条件表达式＞"用来筛选满足条件的(　　)。

  A. 列　　　　　　　　　　　B. 行

  C. 关系　　　　　　　　　　D. 分组

(7) 设当前工作目录(文件夹)中有一个表文件 xx. DBF,该表含有多条记录。下述 SELECT-SQL 命令中,语法错误的是(　　)。

  A. SELECT ＊ FROM xx INTO ARRAY temp

  B. SELECT ＊ FROM xx INTO CURSOR temp

  C. SELECT ＊ FROM xx INTO TABLE temp

D. SELECT * FROM xx INTO FILE temp

（8）设当前工作目录（文件夹）中有一个表文件 abc. DBF，该表仅有两个字段（字段名分别为 xx 和 yy，字段类型均为字符型，宽度均为 10），且含有多条记录。下列 SE-LECT-SQL 命令中，语法错误的是（　　）。

A. SELECT 1,2,3 FROM abc ORDER BY 3

B. SELECT xx,COUNT(yy) FROM abc GROUP BY yy

C. SELECT xx,SUM(yy) FROM abc GROUP BY xx ODRER BY 2

D. SELECT xx + yy,xx – yy FROM abc TO PRINTER

（9）下列关于利用查询设计器设计查询的叙述中，错误的是（　　）。

A. 在设计基于两个表的查询时，通常需要设置两个表之间的联接类型，默认类型为内联接

B. 在选择一个排序字段时，系统默认的排序方式为升序

C. 在"杂项"中设置查询结果输出记录的范围时，可以选择前 n 条记录或后 n 条记录

D. 在设置分组时，所选的分组字段可以不是查询输出字段

（10）下列为视图重命名的命令是（　　）。

A. MODIFY VIEW   B. CREATE VIEW
C. DELETE VIEW   D. RENAME VIEW

（11）以下关于视图的描述中，正确的是（　　）。

A. 视图结构可以使用 MODIFY STRUCTURE 命令来修改

B. 视图不能同数据库表进行联接操作

C. 视图不能进行更新操作

D. 视图是从一个或多个数据表中导出的虚拟表

（12）下列关于视图的说法中，不正确的是（　　）。

A. 在 VFP 中，视图是一个定制的虚拟表

B. 视图可以是本地的、远程的,但不可以带参数

C. 视图可以引用一个或多个表

D. 视图可以引用其他视图

（13）视图不能单独存在，必须依赖于（　　）。

A. 视图   B. 数据库
C. 数据表   D. 查询

（14）视图与基表的关系是（　　）。

A. 视图随基表的打开而打开

B. 基表随视图的关闭而关闭

C. 基表随视图的打开而打开

D. 视图随基表的关闭而关闭

（15）不可以作为查询与视图的数据源的是(　　)。

    A. 自由表　　　　　　　　　　B. 数据库表

    C. 查询　　　　　　　　　　　D. 视图

（16）在下列有关查询和视图的叙述中,错误的是(　　)。

    A. 利用查询设计器创建的查询文件,文件中包含一条 SELECT-SQL 语句

    B. 查询文件是一个文本文件,用户可以利用文本编辑软件对其修改

    C. 在默认情况下查询去向为 VFP 的主窗口,通过设置可以使查询结果以浏览窗口方式显示

    D. 视图不以独立的文件保存,其定义保存在数据库中

（17）~（21）题基于学生表 s、学生选课表 sc 和课程表 kc 3 个数据库表,它们的结构如下:

s(学生):学号(C,8),姓名(C,6),性别(C,2),出生日期 D,院系(C,6)

sc(选课):学号(C,8),课程号(C,3),成绩(N,3)(初始为空值)

kc(课程表):课程号(C,3),课程名(C,6),学时(N,6)

（17）查询选修 C2 课程号的学生姓名,下列 SQL 语句中错误的是(　　)。

    A. SELECT 姓名 FROM s WHERE EXISTS;

        （SELECT * FROM sc WHERE 学号 = s.学号 AND 课程号 = 'C2'）

    B. SELECT 姓名 FROM s WHERE 学号 IN;

        （SELECT 学号 FROM sc WHERE 课程号 = 'C2'）

    C. SELECT 姓名 FROM s JOIN sc ON s.学号 = sc.学号;

        WHERE 课程号 = 'C2'

    D. SELECT 姓名 FROM s;

        WHERE 学号 = （SELECT 学号 FROM sc WHERE 课程号 = 'C2'）

（18）检索还未确定成绩的学生选课信息,正确的 SQL 命令是(　　)。

    A. SELECT s.学号,姓名,sc.课程号 FROM s JOIN sc;

        WHERE s.学号 = sc.学号 AND sc.成绩 IS NULL

    B. SELECT s.学号,姓名,sc.课程号 FROM s JOIN sc;

        WHERE s.学号 = sc.学号 AND sc.成绩 = NULL

    C. SELECT s.学号,姓名,sc.课程号 FROM s JOIN sc ON s.学号 = sc.学号;

        WHERE sc.成绩 IS NULL

    D. SELECT s.学号,姓名,sc.课程号 FROM s JOIN sc ON s.学号 = sc.学号;

        WHERE sc.成绩 = NULL

（19）假设所有的选课成绩都已确定。显示"101"号课程成绩中最高的 10% 记录信息,正确的 SQL 命令是(　　)。

    A. SELECT * TOP 10 FROM sc ORDER BY 成绩 WHERE 课程号 = "101"

    B. SELECT * PERCENT 10 FROM sc ORDER BY 成绩 DESC;

        WHERE 课程号 = "101"

C. SELECT ＊ TOP 10 PERCENT FROM sc ORDER BY 成绩；

WHERE 课程号 ="101"

D. SELECT ＊ TOP 10 PERCENT FROM sc ORDER BY 成绩 DESC；

WHERE 课程号 ="101"

(20) 查询所修课程成绩都大于等于 85 分的学生的学号和姓名,正确的命令是(   )。

A. SELECT 学号,姓名 FROM s WHERE NOT EXISTS；

(SELECT ＊ FROM sc WHERE sc.学号 = s.学号 AND 成绩 <85)

B. SELECT 学号,姓名 FROM s WHERE NOT EXISTS；

(SELECT ＊ FROM sc WHERE sc.学号 = s.学号 AND 成绩 >=85)

C. SELECT 学号,姓名 FROM s,sc WHERE s.学号 = sc.学号 AND 成绩 >=85

D. SELECT 学号,姓名 FROM s,sc WHERE s.学号 = sc.学号 AND ALL 成绩 >=85

(21) 查询选修课程在 5 门以上(含 5 门)的学生的学号、姓名和平均成绩,并按平均成绩降序排列,正确的命令是(   )。

A. SELECT s.学号,姓名,平均成绩 FROM s,sc；

WHERE s.学号 = sc.学号 GROUP BY s.学号 HAVING COUNT(＊) >=5；

ORDER BY 平均成绩 DESC

B. SELECT 学号,姓名,AVG(成绩) FROM s,sc；

WHERE s.学号 = sc.学号 AND COUNT(＊) >=5；

GROUP BY 学号 ORDER BY 3 DESC

C. SELECT s.学号,姓名,AVG(成绩) 平均成绩 FROM s,sc；

WHERE s.学号 = sc.学号 AND COUNT(＊) >= 5；

GROUP BY s.学号 ORDER BY 平均成绩 DESC

D. SELECT s.学号,姓名,AVG(成绩) AS 平均成绩 FROM s,sc；

WHERE s.学号 = sc.学号 GROUP BY s.学号 HAVING COUNT(＊) >=5；

ORDER BY 3 DESC

(22) 下列有关查询与视图的叙述中,错误的是(   )。

A. 用查询设计器创建的查询文件,可以利用 Windows 中的"记事本"程序对其进行编辑修改

B. 基于两个表创建查询时,这两个表必须是数据库表,且表之间已创建永久性关系

C. 利用 DO 命令运行查询文件时,必须给出查询文件的扩展名

D. 无论是创建本地视图还是创建远程视图,都不会产生新的文件

2. 填空题

(1) SQL 的中文含义是:_____,SQL 语言支持关系型数据库的 _____模式结构,分别是_____对应于视图,_____对应于基本表,_____对

应于存储文件。

（2）SQL 语言集_____、数据操纵、_____的功能于一体。

（3）在 SELECT-SQL 语句中，_____子句实现消除查询结果中重复的记录。INTO CURSOR 子句的作用是_____,INTO TABLE 选项的作用是_____,GROUP 子句的作用是_____,HAVING 子句作用是_____,ORDER 子句的作用是_____。

（4）在 SQL 语句中，与表达式"仓库号 NOT IN('wh1','wh2')"功能相同的表达式是_____。

（5）在 SQL 的 SELECT 查询中，HANVING 子句一般跟在_____子句之后。

（6）在 SELECT 语句中，UNION 子句把一个 SELECT 语句的最后查询结果同另一个 SELECT 语句的最后查询结果组合起来，默认情况下，该子句检查组合的结果并_____。要组合多个 UNION 子句，可使用括号。若想在 UNION 组合中不删除重复的行，可在 UNION 后加上_____，若需要对最终查询结果排序，则需要使用_____个 ORDER 子句。

以下（7）～（14）题中使用教学管理数据库，jxk（教学库）中含有 3 张表：

xs（学生表）：学号（xh（C,6）），姓名（xm(C,6)），性别（xb(C,2)），班级编号（bjbh（C,6）），出生日期（csrq(D)），籍贯（jg（C,20）），照片（zp(G)）

cj（成绩表）：学号（xh（C,6）），课程代号（kcdh(C,6)），成绩（cj（N,3,0））

js（教师表）：工号（gh(C,6)），姓名（xm(C,6)），性别（xb(C,2)），系名（ximing（C,18）），职称（zc(C,6)），基本工资（jbgz（N,8,2）），出生日期（csrq（D））

（7）根据学生表 xs，查询所有女同学的信息及年龄，并按年龄进行降序排列，生成新的表 ws，完成下列 SELECT 语句：

```
SELECT xs. *,_____ AS 年龄 FROM xs WHERE xb ='女';
    ORDER BY 年龄 DESC _____
```

（8）显示 js 表（教师表）中各系的教师的人数、基本工资的平均值、最高值和最低值，结果按平均值从高到低排序，请补充完成下列 SELECT 语句：

```
SELECT ximing,_____ AS 人数,_____ AS 平均工资;
    _____ AS 最高值, MIN(jbgz)AS 最低值;
    FROM js GROUP BY ximing ORDER BY 3 DESC
```

（9）下列 SQL 命令用来查询每个班级的男、女生人数。请补充完成下列 SELECT 语句：

```
SELECT bjbh,SUM(IIF(xb ='男',1,_____)) AS 男生人数,;
    SUM(IIF(xb ='女',1,_____)) AS 女生人数;
    FROM xs;
    GROUP BY 1
```

（10）按成绩从高到低地显示 cj 表中选修课程代号（字段名为 kcdh,C 型）为'01'的课程的学生的学号和成绩。请补充完成下列 SELECT 语句：

```
SELECT cj.xh,cj.cj FROM _____;
    WHERE _____;
    ORDER BY _____
```

(11) 根据学生表查询所有 1982 年 3 月 20 日以后(含)出生、性别为男的学生。请补充完成下列 SELECT 语句:

```
SELECT * FORM xs WHERE _____
```

(12) 根据教师表 js. DBF 完成下列 SQL 命令以统计 js 表中系名为"信息管理系"的职工的平均工资。

```
SELECT ximing AS 系名,AVG(jbgz) AS 平均工资;
    FROM js;
    _____;
    GROUP BY ximing;
    INTO CURSOR jstmp
```

(13) 在教师表(js. DBF)中,工号字段为 js 表的主键(即以 gh 为表达式创建了主索引)。使用下列 SQL 命令,可以查询各种职称的教师人数、平均年龄,且将查询结果输出到文本文件 abc 中(注:年龄为当前年份与出生日期字段值中的年份之差)。

```
SELECT js.zc,COUNT(*) AS 人数,_____ AS 平均年龄;
    FROM js;
    GROUP BY _____;
    _____ abc.txt
```

(14) 根据成绩表,要求完善以下 SQL 命令,以查询有两门或两门以上课程不及格(成绩小于 60)的学生情况,查询输出包括学号、考试课程数和不及格课程数。

```
SELECT cj.xh AS 学号,_____ AS 考试课程数;
    SUM(_____)   AS 不及格课程数;
    FROM cj;
    GROUP BY cj.xh _____不及格课程数 >=2
```

以下(15) ~ (17)题中使用某图书资料室的图书管理数据库(图书馆. DBC),库中有 3 张表:

ts. DBF(图书表):编号 C(10),分类号 C(10),书名 C(8),出版单位 C(20),作者 C(8),单价 N(7,2),馆藏册数 N(4)

dz. DBF(读者表):借书证号 C(6),单位 C(18),姓名 C(8),性别 C(2),职称 C(10),地址 C(20)

jy. DBF(借阅表):借书证号 C(6),编号 C(10),借书日期 D(8),还书日期 D(8)

(15) 要查询借书证号为"200513"的读者所借书的名称:出版单位及已借阅的天数,请补充完成相应的 SELECT 语句。

```
SELECT 书名,出版单位,_____ AS 已借阅的天数;
    FROM 图书馆! jy INNER JION 图书馆! ts ON jy.编号 =ts.编号;
    WHERE 借书证号 ='200513'
```

（16）根据上例图书管理数据库中的表,完善下列语句以查询该图书资料室各出版单位出版图书的馆藏总册数、总金额和平均单价。

    SELECT 出版单位,SUM(馆藏册数) AS 馆藏总册数,;
    _____ AS 总金额,_____ AS 平均单价;
    FROM 图书馆!ts;
    GROUP BY 出版单位

（17）统计图书馆中各类图书中馆藏最少的 10 本书的分类号、书名、出版单位及数量,并完善下列语句:

    SELECT _____ ts.分类号,ts.书名,ts.出版单位,COUNT(*) AS 数量;
    FROM ts;
    _____

第 6 章　程序、过程设计

6.1　实训要点

1. 程序设计基础

（1）了解结构化程序文件的设计步骤，掌握创建、编辑和运行程序文件。如使用 MODIFY COMMAND 可以修改原程序或者创建新程序，使用 DO 命令可以运行程序，而程序文件的文件扩展名（. PRG）可以不用书写。

注意：运行程序文件，系统就会生成对应的编译文件（. FXP），而程序的执行就是执行对应程序的编译文件（. FXP）。

（2）掌握结构化程序设计的 3 种形式：顺序、分支和循环。

（3）掌握注释语句及其功能，包括 NOTE | * 及 && 的用途。

（4）掌握程序运行终止语句，如 CANCEL, QUIT, RETURN 的返回方式及返回位置。

（5）了解格式定位输出语句。

（6）掌握顺序程序设计语句（即无分支、无循环）。

2. 分支程序设计

（1）掌握分支结构的 3 种类型，包括单项分支、双向分支和多项分支。

（2）掌握 IF … ELSE … ENDIF 的命令书写格式及要求。

命令格式：IF <逻辑表达式>
　　　　　　<语句组 1>
　　　　[ELSE
　　　　　　<语句组 2>]
　　　　ENDIF

语句组可以实现嵌套，有一个 IF 就有一个 ENDIF 与之对应，使用双向分支时要学会与 IIF 函数的替代使用。

（3）掌握 DO CASE … ENDCASE 的命令书写格式及要求。

命令格式：DO CASE
　　　　　　CASE <逻辑表达式 1>
　　　　　　　　<语句组 1>
　　　　　　CASE <逻辑表达式 2>

```
        <语句组 2 >
        …
CASE  <逻辑表达式 n >
        <语句组 n >
[OTHERWISE
        <语句组 n +1 >]
ENDCASE
```

语句组可以实现嵌套,在嵌套时,DO CASE 与第一个 CASE 之间无任何语句;OTHERWISE 语句后面没有条件;有一个 DO CASE 就有一个 ENDCASE 与之对应。

3. 循环程序设计

（1）掌握循环结构的 3 种类型,包括"当"循环、计数循环和指针循环。3 种结构语句定义时必须前后配对,如 DO WHILE 必须与 ENDDO 配对等。

（2）掌握"当"循环 DO WHILE … ENDDO 语句格式和功能。

命令格式:
```
DO WHILE  <逻辑表达式 >
        <语句组 1 >
[EXIT]
    [ <语句组 2 >]
[LOOP]
    [ <语句组 3 >]
ENDDO
```

遇到"当"循环,先计算逻辑表达式的值,若为. T. ,则执行循环体,否则退出循环体。利用"当"循环可以实现次数固定、次数不固定和表记录的循环操作,注意其中变量的初始定义、递增或递减变化,跳出循环体的条件设置,否则会出现"死循环"。

（3）掌握计数循环 FOR … ENDFOR|NEXT 语句格式和功能。

命令格式:
```
FOR  <内存变量 >= <初值 > TO  <终值 > [STEP  <步长 >]
        <语句组 >
        [EXIT]
        …
        [LOOP]
        …
ENDFOR |NEXT
```

STEP <步长 >自动实现变量的递增或者递减,并且在使用 FOR 循环实现次数固定的功能时与 DO WHILE 循环在变量控制上有所区别。

（4）掌握计数循环 SCAN … ENDSCAN 语句格式和功能。

命令格式:
```
SCAN [ <范围 >][FOR  <逻辑表达式 1 >][WHILE  <逻辑表达式 2 >]
        [ <语句组 >]
        [LOOP]
        …
        [EXIT]
```

```
        ...
        ENDSCAN
```

使用 SCAN 循环在执行循环体一遍时,将自动实现一次 SKIP 操作,而在 DO WHILE 循环实现这一功能时要给出条件. NOT. EOF( )或者 EOF( ) = . F. ,还要设置一次 SKIP 操作。

(5)掌握 LOOP 与 EXIT 的区别。LOOP 是短路作用,返回条件重新进行判断;而 EXIT 是强制性退出,退出循环体,执行循环体以外的语句。

4. 执行外部程序

(1)了解过程的种类,包括外部过程、过程文件(. PRG)和内部过程。

(2)掌握过程文件的创建和使用,包括自定义函数(FUNCTION)和自定义过程(PROCEDURE)。

(3)掌握变量的分类及其作用域,包括局部变量(LOCAL)、私有变量(PRIVATE)和全局变量 (PUBLIC)等。

(4)掌握过程中形参和实参值的传递形式,包括按值传递和按引用传递,注意实参和形参的数量比例关系以及强制使用符号。如在主程序中使用 DO ＜子程序名＞ [WITH ＜实参表＞]实现实参传递值给形参;在子程序中使用 PARAMETERS ＜形参表＞接受实参的值给形参;按值传递使用 SET UDFPARMS TO VALUE 或者强制方式(＜变量名＞);按引用传递使用 SET UDFPARMS TO REFERENCE 或者强制方式@ ＜变量名＞。

6.2 实训练习

1. 选择题

(1) 在 Visual FoxPro 中,用于建立或修改程序文件的命令是(　　)。

    A. MODIFY ＜文件名＞ 　　　　　　　B. MODIFY COMMAND ＜文件名＞

    C. MODIFY PROCEDURE ＜文件名＞ 　D. B 和 C 都正确

(2) 结构化程序设计的 3 种基本逻辑结构是(　　)。

    A. 选择结构、循环结构和嵌套结构

    B. 顺序结构、选择结构和循环结构

    C. 选择结构、循环结构和模块结构

    D. 顺序结构、递归结构和循环结构

(3) 建立一个循环结构的程序,不能用的命令是(　　)。

    A. IF … ENDIF 　　　　　　　　　B. SCAN … ENDSCAN

    C. DO WHILE … ENDDO 　　　　　D. FOR … ENDFOR

(4) 在 VFP 的调试器窗口中的_____中可以控制列表框内显示的变量种类。

    A. 跟踪窗口 　　　　　　　　　　B. 监视窗口

    C. 局部窗口 　　　　　　　　　　D. 调动堆栈窗口

  (说明:局部窗口用于显示模板程序中的内存变量,并显示它们的名称和当前取值的类型。它可以控制在列表内显示的变量类型。监视窗口主要就是用来指定表达式在程序调试执行过程中的变化。要设置一个监视表达式,只需单击窗口中的"监视"文本框,然后输入表达式的内容,按回车键后表达式便添入文本框下方的列表框中。)

(5) 在 Visual FoxPro 集成环境下(如在其"命令"窗口中),利用 DO 命令执行一个程序文件时,系统实质上是执行(　　)文件。

    A. PRG 　　　　　　　　　　　　B. FXP

    C. BAK 　　　　　　　　　　　　D. EXE

(6) 下列程序段执行时在屏幕上显示的结果是(　　)。

```
DIMENSION a(6)
a(1)=1
a(2)=1
FOR i=3 TO 6
    a(i)=a(i-1)+a(i-2)
NEXT
? a(6)
```

    A. 5 　　　　　　　　　　　　　　B. 6

    C. 7 　　　　　　　　　　　　　　D. 8

(7) 退出程序文件,返回操作系统的命令是(　　)。

A. CANCEL   B. RETURN

C. QUIT   D. STOP

(8) 下列自定义函数 abc 的功能是计算一个整数的各位数字之和。

```
FUNCTION abc
PARAMETER x
s = 0
DO WHILE x > 0
    s = s + MOD(x,10)
    _____
ENDDO
RETURN s
ENDFUNC
```

在上述函数定义中,横线处应填写的语句是(　　)。

A. x = INT(x/10)   B. x = x − INT(x/10)

C. x = INT(x%10)   D. x = x − INT(x%10)

(9) 有关自定义函数的叙述,正确的是(　　)。

A. 自定义函数的调用与标准函数不一样,要用 DO 命令

B. 自定义函数的最后结束语句可以是 RETURN 或 RETRY

C. 自定义函数的 RETURN 语句必须送返一个值,这个值作为函数返回值

D. 调用时,自定义函数名后的括号中一定写上形式参数

(10) 有关嵌套的叙述正确的是(　　)。

A. 循环体内不能含有条件语句

B. 循环语句不能嵌套在条件语句之中

C. 嵌套只能一层否则会导致程序错误

D. 正确的嵌套中不能交叉

(11) 阅读下列程序,运行时输入:12,8,则该程序的运行结果是(　　)。

```
SET TALK OFF
INPUT '请输入a:' TO a
INPUT '请输入b:' TO b
IF a < b
    t = a
    a = b
    b = t
ENDIF
DO WHILE b <> 0
    t = MOD(a,b)
    a = b
    b = t
```

```
ENDDO
? a
SET TALK ON
RETURN
```

A. 2   B. 4

C. 12   D. 8

（说明：本程序的功能是求两个数的最大公约数。方法是用两个数中较小的去除较大的，然后将除数作为一次除的被除数，余数作为下一次除的除数，反复进行这样的操作，直到余数为零时为止。则最后一次除的除数，即为所给两个数的最大公约数。）

（12）运行以下程序后，VFP 主窗口显示的结果是（   ）。

```
CLEAR
n = 0
DO WHILE n < 10
  IF INT(n/2) = n/2
  ?  "W"
  ENDIF
  ??  "Fox"
  n = n + 1
ENDDO
```

A. 显示 5 行，内容均为 WFoxFox   B. 显示 5 行，内容均为 WfoxWFox

C. 显示 4 行，内容均为 WFoxFox   D. 显示 4 行，内容均为 FoxFoxW

（13）下列程序执行以后，内存变量 y 的值是（   ）。

```
x = 12345
y = 0
DO WHILE x > 0
  y = x%10 + y * 10
  x = INT(x/10)
ENDDO
```

A. 2345   B. 2345

C. 5432   D. 54321

（14）在 Visual FoxPro 中，关于过程调用叙述正确的是（   ）。

A. 当实参的数量少于形参的数量时，多余的形参初值取逻辑假

B. 当实参的数量多于形参的数量时，多余的实参被忽略

C. 实参与形参的数量必须相等

D. A 和 B 都正确

（15）如果在命令窗口输入并执行命令"LIST 名称"后在主窗口中显示：

```
记录号      名称
1          电视机
2          计算机
```

```
3          电话线
4          电冰箱
5            电线
```

假定名称字段为字符型,宽度为6,那么下面程序段的输出结果是(   )。

```
GO 2
SCAN NEXT 4 FOR LEFT(名称,2) ='电'
  IF RIGHT(名称,2) ='线'
    LOOP
  ENDIF
?? 名称
ENDSCAN
```

A. 电话线   B. 电冰箱

C. 电冰箱电线   D. 电视机电冰箱

(16) 用于说明程序中所有内存变量都是私有变量的命令是(   )。

A. PRIVATE ALL   B. PUBLIC ALL

C. ALL = PRIVATE   D. STORE PRIVATE TO ALL

(说明:定义私有变量的语句有 PRIVATE ＜内存变量名表＞和 PRIVATE ALL [LIKE/EXCEPT ＜通配符＞]。)

(17) 在 DO WIHLE … ENDDO 循环结构中,LOOP 命令的作用是(   )。

A. 退出过程,返回程序开始处

B. 转移到 DO WHILE 语句行,开始下一个判断和循环

C. 终止循环,将控制转移到本循环结构 ENDDO 后面的第一条语句继续执行

D. 终止程序执行

(18) 有关 SCAN 循环结构,叙述正确的是(   )。

A. SCAN 循环结构中的 LOOP 语句,可将程序流程直接指向循环开始语句 SCAN,首先判断 EOF( )函数的真假

B. 在使用 SCAN 循环结构时,必须打开某一个数据库表

C. SCAN 循环结构的循环体中必须写有 SKIP 语句

D. SCAN 循环结构,如果省略了 ＜SCOPE＞子句、FOR ＜条件＞和 WHILE ＜条件＞子句,则直接退出循环

(19) 假设新建了一个程序文件 myproc. PRG(不存在同名的. EXE,. APP 和. FXP 文件),然后在命令窗口输入命令 DO myproc,执行该程序并获得正常的结果。现在用命令 ERASE myproc. PRG 删除该程序文件,然后再次执行命令 DO myproc,产生的结果是(   )。

A. 出错(找不到文件)

B. 与第一次执行的结果相同

C. 系统打开"运行"对话框,要求指定文件

D. 以上都不对

（20）下列程序段的输出结果是(　　　)。

```
CLEAR
STORE 10 TO A
STORE 20 TO B
SET UDFPARMS TO REFERENCE
DO SWAP WITH A,(B)
? A,B

PROCEDURE SWAP
PARAMETERS X1,X2
TEMP = X1
X1 = X2
X2 = TEMP
ENDPROC
```

A. 10　20　　　　　　　　　　B. 20　20
C. 20　10　　　　　　　　　　D. 10　10

2. 填空题

（1）程序文件的扩展名为_____,调用过程的命令是 DO _____,定义过程开始语句为_____,定义过程结束语句为_____。

（2）程序中往往第一行语句用_____命令清屏。

（3）执行下列程序后,输出到屏幕的结果为_____。

```
CLEAR
STORE 5 TO m1,m2
STORE 1 TO m3,m4
DO pa WITH m1,m2,m3,m4
? m4
PROCEDURE pa
  PARAMETER a,b,c,d
  d = b^2 - 4 * a * c
  DO CASE
    CASE d < 0
      d = 100
    CASE d = 0
      d = 200
    CASE d > 0
      d = 300
  ENDCASE
```

```
          RETURN
```

（4）完善下列程序,其功能是统计一个文本文件（内容为英文文章）中大小写英文字母的个数。

```
CLEAR
cfile = GETFILE('TXT','文件名')
cc = filetomem(cfile)
STORE 0 TO i,j
DO WHILE LEN(cc) >0
  c = LEFT(cc,1)
  _____
    CASE ASC(c) >96 AND ASC(c) <123
      j = j +1
    CASE ASC(c) >64 AND ASC(c) <91
      i = i +1
  ENDCASE
  cc = SUBSTR(_____)
ENDDO
? '大写、小写英文字母个数分别为',_____
FUNCTION filetomem               && 该函数的功能是将文件内容读到内存变量中
PARAMETER cfilename
Fhandle = FOPEN( cfilename )
Ctext = SPACE(0)
IF fhandle >0
  nsize = FSEEK( fhandle,0,2)
   = FSEEK( fhandle, 0 )
  ctext = FREAD(fhandle,nsize)
   = FCLOSE(fhandle)
ENDIF
RETURN ctext
```

（5）运行下列程序后,屏幕显示的数据为_____。

```
CLEAR
STORE 'qcw' TO c
cc = SPACE(0)
DO WHILE LEN(c) >0
  cc = CHR(ASC(LEFT(c,1)) +2) +cc
  c = SUBS(c,2)
ENDDO
? cc
```

（6）执行下列程序,显示的结果是_____。

```
one = "WORK"
two = ""
```

```
a = LEN( one)
i = a
DO WHILE i >=1
  two = two – SUBSTR( one,i,1)
i = i – 1
ENDDO
? two
```

（7）用两种循环步长值来求 $1 + 2 + 3 + \cdots + 50$ 的值,请将程序填写完整。

程序一:

```
s = 0
FOR _____
  s = s + n
ENDFOR
? s
RETURN
```

程序二:

```
s = 0
FOR _____
  s = s + n
ENDFOR
? s
RETURN
```

（分析:这是一个计数循环的例子,由以上两种方法可以看出,初值和终值的设定是随步长值不同而变化的,在程序一中,因为步长为 1,所以省略了。缺省时,步长值默认为 1。)

（8）在 Visual FoxPro 中,有如下程序:

```
*程序名:test.PRG
SET TALK OFF
PRIVATE x,y
x = '数据库'
y = '管理系统'
DO sub1
? x + y
RETURN
*子程序:SUB1
PROCEDURE sub1
LOCAL x
x = '应用'
y = '系统'
x = x + y
RETURN
```

执行命令 DO test 后,屏幕显示的结果应是_____。

(9) 执行下列程序后,屏幕显示的结果行数是_____,s 的值是_____。

```
a1 = 0
a2 = 1
s = a1 + a2
? STR(a1,3) + STR(a2,3)
DO WHILE a2 < = 15
a2 = a1 + a2
a1 = a2 - a1
?? STR(a2,3)
s = s + a2
ENDDO
? 's = ' + STR(s,3)
```

(10) 设有一个自由表(表文件名为 lwsj. DBF,gjc 字段的含义为"关键词")用于记录某期刊发表的学术论文情况,其表结构(部分字段)见表 1-6-1,表数据见表 1-6-2。

表 1-6-1 lwsj. DBF 表文件的结构及其说明

字段名	含义	字段类型及宽度
lwbh	论文编号	C(10)
lwmc	论文名称	C(60)
gjc	关键词	C(80)

表 1-6-2 lwsj. DBF 表的数据

lwbh	lwmc	gjc
2009G11011	商业生态系统视角的国际软件接包竞争比较	商业生态系统/软件接包/接包竞争
2009J22012	国内情报学理论 2008 年研究热点及发展趋势	情报学理论/研究热点/发展趋势
2009F22105	我国信息共享空间研究文献计量学分析	信息共享空间/作者分布/文献计量学/统计分析
……	……	……

从表 1-6-2 中可以看出,每篇论文有多个关键词,且各个关键词之间用斜杠(/)分隔(注:关键词的个数为 3~8)。完善下列程序,其功能是:统计关键词个数相同的论文篇数(即 3 个关键词的论文有多少篇、4 个关键词的论文有多少篇……),并将统计结果输出到文本文件 abc. TXT 中。

```
CLOSE TABLE ALL
ALTER TABLE lwsj ADD COLUMN gs N(1)    && 为 lwsj 表添加一个数值型字段
SELECT lwsj
SCAN
    c = ALLTRIM(gjc)
    FOR i = 7 TO 1 _____
```

```
        IF AT('/',c,i) > 0
            REPLACE gs WITH i +1
            _____
        ENDIF
    ENDFOR
ENDSCAN
SELECT gs,COUNT(*) FROM lwsj _____ 1;
    ORDER BY 1 TO FILE abc.TXT
    ALTER TABLE lwsj _____ COLUMN gs    && 删除 lwsj 表中的 gs 字段
```

（11）某表单如图 1-6-1 所示，用于用户登录（需要输入用户名和口令信息）。该表单无控制图标和控制按钮，则表单的_____属性值必定为.F.。

设所有的用户名和口令信息均已存储在自由表 klb 中（含有两个字符型字段"用户名"和"口令"）。完善命令按钮组（含两个命令按钮）Click 事件代码，当用户输入用户名和口令并单击"确定"按钮时，若用户名输入错误，则提示"用户名错误"；若用户名输入正确而口令输入错误，则提示"口令错误"；单击"取消"按钮则释放表单。

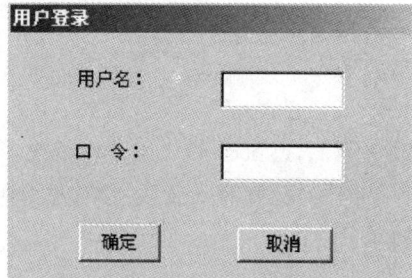

图 1-6-1　用户登录表单

```
        IF _____ =1   && 单击"确定"命令按钮
    IF NOT _____
        SELECT 0
        USE klb
    ELSE
        SELECT klb
    ENDIF
    LOCATE FOR ALLTRIM(用户名) == ALLTRIM(THISFORM.Text1.Value)
    IF FOUND( )
        IF ALLTRIM(口令) == ALLTRIM(THISFORM.Text2.Value)
            WAIT "欢迎使用!"
            ThisForm.Release
        ELSE
            WAIT "口令错误!"
        ENDIF
        _____
        WAIT "用户名错误!"
    ENDIF
ELSE
    THISFORM. Release
```

```
    ENDIF
```

（12）下列程序的功能是计算 $s = 1/(1*2) + 1/(3*4) + 1/(5*6) + \cdots + 1/(n*(n+1)) + \cdots$ 的近似值,当 $1/(n*(n+1))$ 的值小于 0.00001 时,停止计算。请完善程序。

```
    s = 0
    i = 1
    DO WHILE .T.
        p = _____
        s = s + 1/p
        IF 1/p < 0.00001
            _____
        ENDIF
        i = i + 2
    ENDDO
```

（13）已知有 3 张表:学生表(xs)、课程表(kc)和成绩表(cj),其表结构如表 1-6-2 所示。

表 1-6-3　表结构说明

学生表(xs. DBF)			成绩表(cj. DBF)			课程表(kc. DBF)		
学号	xh	C,10	学号	xh	C,10	课程号	kcdh	C,3
姓名	xm	C,8	课程号	kcdh	C,3	课程名	kcm	C,18
性别	xb	C,2	成绩	cj	N,3	学分	xf	N,2

有一个表单如图 1-6-2 所示,其左边是一个选项按钮组(OptionGroup1),右边是列表框(List1)。该表单的功能是在选项按钮组中选择一个年级(学号的前两位表示年级),列表框将显示出该年级所有课程不及格的学生的学号、姓名、课程名称和成绩。

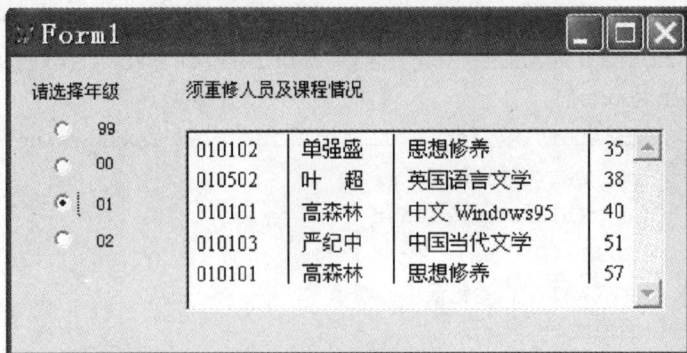

图 1-6-2　表单运行效果

下列是选项按钮组相关事件的事件代码,试完善下面的程序。

```
    DO CASE
        CASE This.Value = 1
```

```
        nJ = '99'
    CASE This.Value = 2
        nJ = '00'
    CASE This.Value = 3
        nJ = '01'
    CASE This.Value = 4
        nJ = '02'
_____
Sql1 = 'SELECT xs.xh,xm,kcm,cj'
Sql2 = 'FROM xs,cj,kc'
Sql3 = 'WHERE xs.xh = cj.xh AND cj.kcdh = kc.kcdh AND cj < 60'
Sql4 = '_____'
Sql5 = 'ORDER BY 4'
Sql6 = 'INTO CURSOR temp'
Sqlselect = SQL1 + SQL2 + SQL3 + SQL4 + SQL5 + SQL6
ThisForm.List1.RowSourceType = 3
ThisForm.List1.RowSource = _____
ThisForm.List1.Requery
```

（14）下列程序的功能是显示职称为教授的数据记录（zcdh 为"01"的代表是"教授"），请将程序补充完整。

```
SET TALK OFF
CLEAR
USE js
DO WHILE _____
    CLEAR
    IF zcdh <> "01"
        SKIP
        _____
    ENDIF
    DISPLAY
    WAIT "按任意键继续!"
    _____
ENDDO
USE
RETURN
```

（15）下列自定义函数 ys( )的功能为：当传送一个字符型参数时，返回一个删除所有内含空格之后的字符型数据。例如，执行命令"? ys('A B CD')，显示'ABCD'"。请完善下列程序。（注：OCCURS( )函数的功能是返回前一个字符表达式在后一个字符表达式中出现的次数。）

```
FUNCTION ys
PARAMETERS zz
```

```
    IF OCCURS(SPACE(1),zz) >0        && 如果空格在变量 ZZ 中出现的次数大于 0
      n = OCCURS(SPACE(1),zz)
      FOR x = 1 TO n
        c = AT(SPACE(1),zz,1)
        zz = SUBSTR(zz,1,c - 1) + _____
      ENDFOR
    ENDIF
    RETURN zz
    ENDFUNC
```

（16）在 Visual FoxPro 中参数传递的方式有两种,一种是按值传递,另一种是按引用传递,将参数设置为按引用传递的语句是:

```
    SET UDFPARMS _____。
```

（17）完善下列程序,使其实现计算数列 1！/2！,2！/3！,3！/4！,…前 20 项之和的功能。

```
    nsum = 0
    FOR n = 1 TO 20
        nsum = _____
    ENDFOR
    FUNCTION jc
    PARAMETER x
    s = 1
    FOR m = 1 _____
        s = s * m
    ENDFOR
    RETURN s
```

（18）完善下列"九九乘法"程序(p99.PRG),使得程序运行时,屏幕上显示如下乘法表:

```
    1：1
    2：2 4
    3：3 6 9
    4：4 8 12 16
    5：5 10 15 20 25
    6：6 12 18 24 30 36
    7：7 14 21 28 35 42 49
    8：8 16 24 32 40 48 56 64
    9：9 18 27 36 45 54 63 72 81
```

【"九九乘法"程序 P99.PRG 清单】

```
    SET TALK OFF
    CLEAR
    FOR m = 1 TO 9
        ? STR(m,2) + ':'
```

```
        FOR n = _____ to _____
        ?? _____
        ENDFOR
    ENDFOR
    RETURN
```

（19）完善下列自定义函数 STR_RV( )，其功能是将一个字符串（假设所有字符均为 ASCII 和 GB2312 字符集中的字符）进行"反序"。例如，STR_RV("ABCD")的返回值为"DCBA"。

```
    FUNCTION str_rv
    PARAMETERS c
    p = SPACE( 0 )
    DO WHILE LEN( c ) > 0
        x = ASC( _____ )
        IF x > 127    && ASCII 码值大于 127 的字符为汉字( x 为半个汉字的机内码)
            i = 2
        ELSE
            i = 1
        ENDIF
        p = LEFT( c,i ) + p
        c = SUBSTR( c,i +1 )
    ENDDO
    _____
    ENDFUNC
```

（20）在 Visual FoxPro 中如下程序的运行结果（即执行命令 DO main 后）是_____
_____。

```
    *程序文件名:main.PRG
    SET TALK OFF
    CLOSE ALL
    CLEAR ALL
    mx = "Visual FoxPro"
    my = "二级"
    DO s1
    ? my + mx
    *子程序文件名:s1.PRG
    PROCEDURE s1
    LOCAL mx
    mx = "Visual FoxPro DBMS 考试"
    my = "计算机等级" + my
    RETURN
```

第 7 章　面向对象程序设计基础

7.1　实训要点

1. 类和对象的概念

（1）掌握类的基本概念和特点。

（2）掌握对象及属性、事件和方法的概念。注意对象的事件集合是固定的,用户不能创建新的事件;属性和方法可以由用户自己创建,其集合是可以扩展的。

（3）掌握基类、子类和父类的概念及基类的类型。在 VFP 的基类中,要求能够分清哪些是控件类,哪些是容器类以及每种容器类所能包含的对象。系统所提供的基类中大部分可以在类设计器中进行可视化设计,但 Column, Header, OptionButton 和 Page 只能使用代码建立,同时这 4 种类是父容器的集成部分,在类设计器中不能子类化。

（4）掌握最小事件集和最小属性集。要清楚 VFP 基类的最小事件集包括哪 3 个、基类的最小属性集包括哪 4 个,尤其是在某个类直接由 VFP 基类派生而来时, ParentClass 属性值与 BaseClass 属性值相同。

2. 对象属性值的设置和方法的调用

（1）掌握对象的两种引用:绝对引用和相对引用以及相对引用的属性或关键字。注意相对引用中的属性不能出现在引用路径的开头。系统变量_Screen 表示屏幕对象,与 ActiveForm 等组合可以在不知道表单名的情况下处理活动表单。

（2）掌握对象的属性设置、事件和方法过程的调用。在设置对象的属性时,如果想一次设置多个属性且引用对象的路径又较长时,可以采用 WITH … ENDWITH 语句,但此时 WITH 之后的引用路径末尾不能出现句点(.)。

3. 常用事件和方法

（1）了解对象对事件的响应、容器层次与类层次中的事件。

（2）掌握 VFP 事件处理机制的两条一般性原则和两条例外情况。

（3）掌握 VFP 的常用事件及其主要事件触发的顺序。常用事件包括以下几种:

　　① 鼠标事件:Click, DblClick, RightClick;

　　② 键盘事件:KeyPress;

　　③ 交互式改变控件内容时触发的事件:InteractiveChange;

④ 控件焦点的事件：GotFocus，LostFocus，When，Valid，其触发顺序是When→GotFocus→Valid→LostFocus；

⑤ 表单事件：Load，Unload，Activate，Deactivate；

⑥ 其他事件：Init，Destroy，Error，Timer(计时器)。

（4）了解面向对象程序设计的事件驱动、消息传递机制的概念，掌握事件循环的启用和终止命令。READ EVENTS 命令建立循环，CLEAR EVENTS 命令终止循环。READ EVENTS 命令通常出现在应用程序的主程序中，同时必须保证主程序调出的界面中有发出 CLEAR EVENTS 命令的机制，否则程序进入死循环。

（5）掌握常用方法。常用的方法有以下几种：

① 焦点：SetFocus；

② 表单、表单集：Hide，Release，Refresh，Show；

③ 组合框、列表框：AddItem，RemoveItem；

④ 其他：SetAll。

7.2 实训练习

1. 选择题

(1) 下列有关类与对象的叙述中,错误的是(   )。

    A. VFP 基类包括容器类和控件类

    B. 类是对象的抽象,对象是类的具体实例

    C. 类具有继承性、封装性、多态性

    D. 在创建类时,根据需要可以为类添加新的属性、事件和方法

(2) 下列几组基类中,均为容器类的是(   )。

    A. 表单集、列、文本框   B. 页框、选项按钮组、表格

    C. 列表框、列、下拉组合框   D. 表单、命令按钮组、线条

(3) 下列几组基类中,均为控件类的是(   )。

    A. 表单集、标签、文本框   B. 页框、选项按钮组、表格

    C. 列表框、文本框、下拉组合框   D. 列、命令按钮、形状

(4) 下列常用 VFP 基类中,只能是容器类的组成部分、不能基于它创建子类的是(   )。

    A. Form(表单)   B. TextBox(文本框)

    C. Shape(形状)   D. Column(列)

(5) 如果表单中有一命令按钮组,且已分别为命令按钮组和命令按钮组中的各个命令按钮设置了 Click 事件代码,则在表单的运行过程中单击某命令按钮时,系统执行的代码是(   )。

    A. 该命令按钮的 Click 事件代码

    B. 该命令按钮组的 Click 事件代码

    C. 先执行命令按钮组的 Click 事件代码,后执行该命令按钮的 Click 事件代码

    D. 先执行命令按钮的 Click 事件代码,后执行命令按钮组的 Click 事件代码

(6) 假定表单(frm2)上有一个文本框对象 text1 和一个命令按钮组对象 cg1,命令按钮组 cg1 包含 cd1 和 cd2 两个命令按钮。如果要在 cd1 命令按钮的某个方法中访问文本框对象 text1 的 Value 属性,下列表达式中正确的是(   )。

    A. This. ThisForm. text1. Value

    B. This. Parent. Parent. text1. Value

    C. Parent. Parent. text1. Value

    D. This. Parent. text1. Value

(7) 如果要引用一个控件所在的表单对象,则可以使用下列关键字(   )。

    A. This   B. Parent

    C. ThisForm   D. 都可以

（8）对于同一个对象,事件 When, Valid, GotFocus 和 LostFocus 发生的顺序为(　　)。

    A. When, GotFocus, LostFocus, Valid

    B. When, GotFocus, Valid, LostFocus

    C. GotFocus, When, LostFocus, Valid

    D. GotFocus, When, Valid, LostFocus

（9）所有基类均能识别的事件是(　　)。

    A. Click   B. Load

    C. Error   D. RightClick

（10）对于一个对象来说,下列事件中最后发生的事件是(　　)。

    A. Destroy   B. Load

    C. GotFocus   D. Init

2. 填空题

（1）程序设计是利用系统所提供的设计工具,按照程序设计语言的规范描述解决问题的算法并进行程序编写的过程。VFP 支持结构化程序设计和面向对象程序设计,后者的英文缩写为＿＿＿＿。

（2）根据所基于的类的性质,对象可以分为容器对象和＿＿＿＿两种类型。

（3）在 VFP 中,基类的事件集合是固定的,不能进行扩充。基类的最小事件集包括 Init 事件、＿＿＿＿事件和 Error 事件。

（4）引用当前表单集的关键字是＿＿＿＿。

（5）设某表单(frm1)上有一个文本框(text1)和一个命令按钮(command1)。该表单运行时,单击命令按钮 command1,则文本框 text1 中显示当前系统日期。由此,命令按钮 command1 的 Click 事件程序代码中必须写入的命令为:

```
ThisForm.text1.Value =＿＿＿＿
```

（6）建立事件循环和终止事件循环的命令分别为＿＿＿＿和＿＿＿＿。

（7）VFP 的对象有两种类型的层次关系:＿＿＿＿层次和＿＿＿＿层次。

（8）＿＿＿＿是基于某种类所创建的实例,包括了数据和过程。

（9）属性定义对象的特征或某一方面的行为,＿＿＿＿是由对象识别的一个动作,方法是对象能够执行的一个操作。

（10）创建对象时触发＿＿＿＿事件。

（11）与 ThisForm. Release 功能等价的命令是＿＿＿＿。

（12）ThisForm. Refresh 的功能是＿＿＿＿。

（13）AddItem 方法的功能是＿＿＿＿。

（14）RemoveItem 方法的功能是＿＿＿＿。

（15）子类延用父类特征的能力是类的＿＿＿＿性;允许相关的对象对同一消息做出不同反应是类的＿＿＿＿性;说明包含和隐藏对象信息(如内部数据结构和代码)的能力,使操作对象的内部复杂性与应用程序的其他部分隔离开来,是类的＿＿＿＿性。

（16）系统提供的类称为_____，由其他类派生的类称为_____。

（17）对象引用可以分为_____引用与_____引用。采用相对引用时，可以利用系统规定的一些关键字或属性来指代某个对象，例如 ThisForm，ActivePage 等。如果指代当前活动表单中具有焦点的控件（即活动对象），可以使用_____属性；若将当前对象的直接容器的背景色改为红色，采用相对引用则可以使用语句：

```
This. _____ .BackColor = RGB(255,0,0)
```

第8章 表单、控件和类设计

8.1 实训要点

1. 表单的创建及管理

（1）掌握利用表单向导设计单表表单和一对多表单的方法。

（2）掌握利用表单设计器创建新表单及修改已存在的表单的方法。

（3）掌握数据环境设计器的使用方法。重点掌握数据环境对象常用属性 AutoClose-Tables，AutoOpenTables，InitialSelectedAlias 属性，以及数据环境中临时表的 Exclusive 属性和关系常用属性 OneToMany，RelationalExpr 等属性的设置。注意：可以向表单的数据环境中添加表和视图，但不可向数据环境中添加查询。一个表单的数据环境中可以没有表或视图。

（4）掌握表单集的创建与移除，以及表单集下添加新表单、移除表单、添加新属性和新方法的方法。用户添加的属性和方法永远属于最外层的对象。

（5）掌握容器对象的集合属性和计数属性。VFP 的容器对象均具有集合属性和计数属性。注意：页框、表格、命令按钮组和选项按钮组的计数属性值可读写，_Screen、表单集、表单、页面、列和工具栏的计数属性值是只读的。

（6）掌握 SetAll 方法的使用。此方法在设置一个容器中的所有对象或某一类对象的同一属性时使用。

（7）掌握表单常用属性 AlwaysOnTop，AutoCenter，BackColor，BorderStyle，Caption，Closable，ControlBox，Height，Icon，Left，MaxButton，MinButton，Movable，Name，Top，Width，WindowState，WindowType 等的设置和使用，常用事件 Load，Init，Destory 等和常用方法 Refresh，Release，Show，Hide 等的应用。

（8）掌握利用"属性窗口"设置属性值的方法。

2. 表单控件的设计

（1）掌握通过"表单控件"工具栏向表单中添加控件的方法以及所添加控件自动命名的规律。

（2）掌握表单文件的运行和表单进行数据传递的方法。注意，当与表单进行数据传递时，首先在表单的 Init 事件中添加 PARAMETERS 语句；执行时用命令：

```
DO FORM <表单文件名> WITH <参数表>
```

（3）理解单文档界面和多文档界面的概念，掌握子表单、浮动表单和顶层表单的属性的设置方法。重点掌握表单类型设置相关的属性，如 ShowWindow 属性、DeskTop 属性的设置。

（4）掌握数据绑定型控件与非数据绑定型控件的分类。数据绑定型控件主要有复选框、组合框、编辑框、列表框、选项按钮、选项按钮组、微调框、文本框、表格和表格的列控件等。非数据绑定型控件主要有线条、标签和命令按钮（组）等。

（5）掌握数据绑定型控件与数据源绑定的方法。对于数据绑定型控件（除表格控件外），可以通过设置它的 ControlSource 属性与表或视图的某个字段相连，此时所输入或选择的值（控件的 Value 属性值）将保存在该字段中。表格控件和数据绑定，则要设置表格的 RecordSourceType 属性和 RecordSource 属性。

（6）掌握页框控件和其下属页面控件常用属性 ActivePage，BackColor，BorderStyle，Name，PageCount，Tabs，TabStyle 和 Caption 的设置和使用，以及常用方法 Refresh 的应用。

（7）掌握标签控件常用属性 Alignment，AutoSize，Caption，BackColor，BackStyle，FontBold，FontName，FontSize，ForeColor，Name，WordWrap 等的设置。

（8）掌握文本框和编辑框控件常用属性 Alignment，BackColor，BackStyle，Caption，ControlSource，ForeColor，FontBold，FontName，FontSize，Format，InputMask，Name，PasswordChar，ReadOnly，ScrollBars，MaxLength，SelStart，SelLength，SelText，Value 的设置和使用，常用事件 When，GotFocus，Valid，LostFocus 等的使用和常用方法 SetFocus 等的应用。

（9）掌握复选框常用属性 Alignment，BackColor，BackStyle，Caption，ControlSource，ForeColor，FontBold，FontName，FontSize，Name，ReadOnly，Value 等的设置。

（10）掌握微调控件常用属性 Alignment，BackColor，ControlSource，ForeColor，FontBold，FontName，FontSize，Increment，KeyBoardHighValue，KeyBoardLowValue，Name，ReadOnly，SpinnerHighValue，SpinnerLowValue，Value 等的设置。

（11）掌握命令按钮和命令按钮组常用属性 AutoSize，ButtonCount，Cancel，Caption，Default，Enabled，ForeColor，FontBold，FontName，FontSize，Name，Picture，Value 等的设置和使用，常用事件 Click，DblClick，RightClick 等的使用和常用方法 SetFocus，SetAll 等的应用。

（12）掌握选项按钮组常用属性 ButtonCount，ControlSource，Value 等的设置和使用。

（13）掌握列表框和组合框常用属性 Alignment，BackColor，BoundColumn，ControlSource，ColumnCount，ForeColor，FontBold，FontName，FontSize，ListCount，ListIndex，MultiSelect，Name，ReadOnly，RowSource，RowSourceType，Selected，Style，Value 等的设置和使用，以及常用事件 InteractiveChange 等的使用。

（14）掌握表格控件及其下属列控件、标头控件常用属性 ColumnCount，ChildOrder，DeleteMark，LinkMaster，Name，RecordSourceType，RecordSource，ReadOnly，ScrollBars，

ControlSource，CurrentControl，DynamicFontName，DynamicFontSize，DynamicForeColor，ForeColor，FontBold，FontName，FontSize，Caption 等的设置和使用。

（15）掌握计时器常用属性 Enabled，Interval，Name 等的设置和使用，以及常用事件 Timer 和常用方法 Reset 等的使用。

（16）掌握图像控件常用属性 Picture，Stretch 等的设置和使用。

（17）掌握形状控件常用属性 Curvature，FillStyle，SpecialEffect 等的设置和使用。

（18）掌握线条控件常用属性 BorderWidth，BorderStyle，LineSlant 等的设置和使用。

（19）掌握 OLE 绑定型控件常用属性 ControlSource 等的设置和使用。

（20）掌握不同数据绑定型控件的 Value 属性值。不同控件 Value 属性所允许的数据类型是不同的,部分常用控件的 Value 属性所允许的数据类型各有不同,例如 CheckBox，OptionButton 允许整型,数值型,逻辑型；ComboBox，CommandGroup，ListBox，Option-Group，Spinner 允许字符型,整型,数值型；EditBox 允许字符型,备注型；Grid 允许字符型,数值型；TextBox 允许除备注型和通用型的任意数据类型。

（21）掌握利用控件生成器设置控件属性的方法。

（22）掌握访问键、Tab 键次序、工具提示文本常用属性 ToolTipsText，ShowTips 等启用和停用控件的设置方法。

3. 类的设计与应用

（1）掌握子类与类库的概念,类库文件的扩展名。

（2）掌握通过表单设计器,将设计好的表单集、表单或者控件另存为类的方法创建子类。

（3）掌握通过类设计器创建子类的方法。在类设计器中设计工具栏类时,"表单控件"工具栏上的表格控件不能添加到工具栏上。

（4）掌握在表单上根据创建好的子类添加控件的方法。

（5）掌握调用父类方法代码的方法。注意区别 DODEFAULT( )和作用域操作符::的不同。

8.2 实训练习

1. 选择题

(1) 下列常用控件中,无 Value 属性的是(   )。

    A. TextBox(文本框)   B. CommandButton(命令按钮)

    C. CheckBox(复选框)   D. OptionButton(选项按钮)

(2) 以下几组控件中,均具有 ControlSource 属性的是(   )。

    A. EditBox, Grid, ComboBox

    B. ListBox, Label, OptionButton

    C. ComboBox, Grid, Timer

    D. CheckBox, EditBox, OptionButton

(3) 下列几组控件中均有 SetAll 方法的是(   )。

    A. Form, CommandButton, CommandGroup

    B. FormSet, Column, ComboBox

    C. Grid, Column, TextBox

    D. Form, PageFrame, CommandGroup

(4) 下列几组控件中都有 ControlCount 属性的是(   )。

    A. 表单,文本框,列表框   B. 表单集,表单,页框

    C. 表单,页面,列   D. 列,选项按钮组,命令按钮组

(5) 在运行表单时,为设置属性值或指定操作的默认值,有时需要将参数传递到表单。若要将参数传递到表单,则应在表单的(   )事件代码中包含 PARAMETERS 语句。

    A. Load   B. Init

    C. Destroy   D. Activate

(6) 运行某个表单,表单 Load, Init, Activate 事件的触发顺序为(   )。

    A. Init, Load, Activate   B. Load, Init, Activate

    C. Init, Activate, Load   D. Activate, Init, Load

(7) 某用户创建了一个命令按钮子类,并设置了 Click 事件代码,把该类添加到一个表单中,则在表单设计器中该按钮的 Click 事件代码窗口中(   )。

    A. 可以看到按钮的 Click 事件代码,但不准修改

    B. 可以看到按钮的 Click 事件代码,并且可以修改

    C. 看不到按钮的 Click 事件代码,且运行表单并单击按钮时该 Click 事件代码不被执行

    D. 看不到按钮的 Click 事件代码,但运行表单并单击按钮时该 Click 事件代码被执行

（8）一个表单集中包含一个表单，该表单中包含一个命令按钮，释放表单集时，下列事件中最先发生的是（　　　）。

    A. 表单集的 Destroy 事件　　　　　　B. 表单的 Destroy 事件

    C. 命令按钮的 Destroy 事件　　　　　D. 表单集的 Unload 事件

（9）文本框绑定到一个字段后，对文本框中的内容进行输入或修改时，文本框中的数据将同时保存到（　　　）。

    A. Value 属性和 Name 属性中　　　　B. Value 属性和该字段中

    C. Value 属性和 Caption 属性中　　　D. Name 属性和该字段中

（10）若从表单的数据环境中将一个逻辑型字段拖放到表单中，则默认情况下在表单中添加的控件个数和控件类型分别是（　　　）。

    A. 1, 文本框　　　　　　　　　　　　B. 2, 标签与文本框

    C. 1, 复选框　　　　　　　　　　　　D. 2, 标签与复选框

（11）页框对象的集合属性和计数属性可以对页框上所有的页面进行属性修改等操作。页框对象的集合属性和计数属性的属性名分别为（　　　）。

    A. Pages, Pagecount　　　　　　　　B. Forms, FormCount

    C. Buttons, ButtonCount　　　　　　D. Controls, ControlCount

（12）如果要使得每 2 秒触发一次 Timer 事件，Timer 控件的 Interval 属性值应该设置为（　　　）。

    A. 2　　　　　　　　　　　　　　　　B. 200

    C. 20000　　　　　　　　　　　　　　D. 2000

（13）如果 ComboBox 对象的 RowSourceType 设置为 3，则在 RowSource 属性中写入的 SELECT 语句，通常包含（　　　）子句。

    A. GROUP BY　　　　　　　　　　　　B. ORDER BY

    C. INTO TABLE　　　　　　　　　　　D. INTO CURSOR

（14）如果要在列表框中一次选择多个项（行），必须设置（　　　）属性为 .T. 。

    A. MultiSelect　　　　　　　　　　　B. ListItem

    C. ControlSource　　　　　　　　　　D. Enabled

（15）下面关于列表框和组合框的陈述中，正确的是（　　　）。

    A. 列表框和组合框都可以设置成多重选择

    B. 列表框可以设置成多重选择，而组合框不能

    C. 组合框可以设置成多重选择，而列表框不能

    D. 列表框和组合框都不能设置成多重选择

（16）确定列表框内的某个条目是否被选定应使用的属性是（　　　）。

    A. Value　　　　　　　　　　　　　　B. ColumnCount

    C. ListCount　　　　　　　　　　　　D. Selected

（17）MyLabel 是派生于标签基类的子类，该子类的 BackColor 属性为红色。在某表单上创建一个基于 Mylabel 类的标签对象 Lb1，该对象的 BackColor 属性为黄色，则

当运行该表单时,Lb1 对象的背景颜色是(　　　)。

    A. 灰色　　　　　　　　　　　　　　　B. 红色

    C. 黄色　　　　　　　　　　　　　　　D. 红色与黄色的调配色

(18) 在创建表单选项按钮组时,下列说法中正确的是(　　　)。

    A. 选项按钮的个数由 ButtonCount 属性决定

    B. 选项按钮的个数由 Name 属性决定

    C. 选项按钮的个数由 Value 属性决定

    D. 选项按钮的个数由 Caption 属性决定

(19) 为表单 MyForm 添加事件或方法代码,改变该表单中的控件 cmd1 的 Caption 属性的正确命令是(　　　)。

    A. MyForm. cmd1. Caption ="最后一个"

    B. ThisForm. cmd1. Caption ="最后一个"

    C. This. parent. cmd1. Caption ="最后一个"

    D. ThisFormset. cmd1. Caption ="最后一个"

(20) 用 Grid 控件显示动态查询的结果,通常应设定其(　　　)属性值为 SQL 语句内容。

    A. ControlSource　　　　　　　　　　B. RowSource

    C. RecordSource　　　　　　　　　　D. DataSource

(21) Grid 默认包含的对象是(　　　)。

    A. Header　　　　　　　　　　　　　B. TextBox

    C. Column　　　　　　　　　　　　　D. EditBox

(22) 要将表 cj. dbf 与 Grid 对象绑定,应将 Grid 对象的两个属性的值设置如下(　　　)。

    A. RecordSourceType 属性为 cj,RecordSource 属性为 0

    B. RecordSourceType 属性为 0,RecordSource 属性为 cj

    C. RowSourceType 属性为 0,RowSource 属性为 cj

    D. RowSourceType 属性为 cj,RowSource 属性为 0

(23) 对微调框控件,应通过设定(　　　)属性来确定用户鼠标单击微调按钮的变更值。

    A. Interval　　　　　　　　　　　　B. Increment

    C. InputMask　　　　　　　　　　　D. Value

(24) 绑定型控件是指其内容与表,视图或查询中的字段或内存变量相关联的控件。当某个控件被绑到一个字段时,移动记录指针后如果字段的值发生变化,则该控件的(　　　)属性的值也随之发生变化。

    A. Control　　　　　　　　　　　　　B. Name

    C. Caption　　　　　　　　　　　　　D. Value

（25）下列有关控件的叙述中错误的是(　　　)。

　　A. 对于标签控件(Label)的 Caption 属性值来说,其长度(字符个数)没有限制

　　B. 复选框控件(CheckBox)的 Value 属性值可以设置为 0,1 或 2

　　C. 有些控件无 Caption 属性,如文本框(TextBox)

　　D. 有些控件可通过相应的生成器设置其部分属性,如命令按钮组

（26）下列有关表单(集)及控件的叙述中错误的是(　　　)。

　　A. 无论是创建一个表单,还是创建一个表单集,在保存时它们的文件类型(即扩展名)是相同的

　　B. 使用向导创建表单时,可以创建基于两个表的一对多表单

　　C. 表单的数据环境中可以包含自由表、数据库表和视图

　　D. 利用表单设计器设计表单时,用户可以为其中的某一控件(如文本框)创建新属性或新方法

2. 填空题

（1）要使表单中各个控件的 ToolTipText 属性的值在表单运行中起作用,必须设置表单的 ShowTips 属性的值为_____。

（2）可以使用_____函数调用父类同名方法程序代码,还可以使用_____操作符调用父类各方法程序代码。

（3）表单集的_____属性中存放了表单集中的表单对象的数目,可利用该属性循环遍历表单集中的所有表单,并执行某些操作,该属性在设计时不可用,运行时只读。

（4）事件是对象能够识别的一个动作,方法是对象能够执行的一组操作。对于 SetFocus 和 GotFocus,_____是方法,_____是事件。

（5）在 VFP 中,创建的新类被保存在_____文件中,其扩展名为_____。

（6）在"表单设计器"中设计的表单有一标签控件,如图 1-8-1 所示。根据图中的情况,标签控件的 AutoSize 属性值为_____,WordWrap 属性值为_____,Caption 属性值为_____。

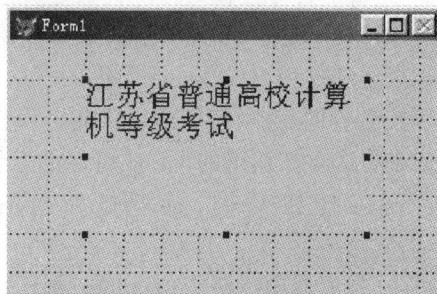

图 1-8-1　标签控件应用

（7）设某表单的背景色为浅蓝色,该表单上某标签的背景色为黄色。当该标签的 BackStyle 属性值设置为"0-透明",运行该表单时该标签对象显示的背景色为_____。

（8）文本框的_____属性值设置为" * "时,用户键入的字符在文本框内显示为" * ",但属性 Value 中仍保存键入的字符串;将文本框对象的_____属性设置为"真"时,则表单运行时,该文本框可以获得焦点,但文本框中显示的内容为只读。

（9）在某表单运行时，表单上某个命令按钮的标题是灰色的，不能响应用户事件，则该命令按钮此时_____属性值一定为.F.。

（10）编辑框（EditBox）的用途与文本框（TextBox）相似，但编辑框除了可以编辑文本框能编辑的字段类型以外，还可以编辑_____型字段。

（11）复选框控件只适用于_____型字段和_____型字段。

（12）在表单设计器中设计表单时，如果从"数据环境设计器"中将表拖放到表单中，则表单中将会增加一个_____对象。

（13）某表单中有一个命令按钮，该命令按钮的 Click 事件过程代码中含有一条命令可以将该表单中的页框 pg1 的活动页面改为第 3 个页面，该命令是：

```
ThisForm.pg1._____=3
```

（14）计时器是用来处理复发事件的控件。该控件正常工作的三要素是：Timer 事件、Enabled 属性和_____属性。

（15）形状控件的 Curvature 属性决定形状控件显示什么样的图形，它的取值范围是 0～99。当该属性的值为_____时，用来创建矩形；如果该形状控件的 Height 属性与 Width 属性值相等，则 Curvature 属性值为_____时该形状为圆。

（16）列表框对象的数据源由 RowSource 属性和_____属性决定。若要将列表框中的值与表中的某个字段绑定，则应利用其_____属性；列表框中选择的数据同时保存在其_____属性里。

（17）组合框有两种类型，分别为_____和_____。

（18）某表单中含有一个命令按钮。要求运行表单时，单击该命令按钮可以调用表单的 Init 事件中的全部程序代码，则需要在命令按钮的 Click 事件中写入语句_____。

（19）在某表单运行时，表单上某个命令按钮标题显示为"取消(X)"，则该命令按钮的 Caption 属性值为_____。

（20）命令按钮组控件的命令按钮个数由_____属性定义。

（21）如图 1-8-2 所示的表单中有一个选项按钮组。如果选项按钮组的 Value 属性的默认值为 1，则当选择选项按钮 B 时，选项按钮组的 Value 属性为_____；如果将选项按钮组的 Value 属性的默认值设置为"B"，则当选择按钮 C 时，选项按钮组的 Value 属性值为_____。

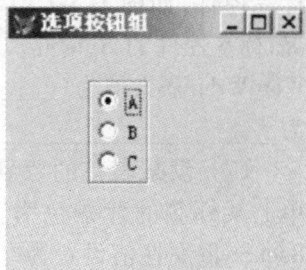

图 1-8-2　选项按钮组应用

（22）选项按钮组（Optiongroup1）上设定两个选项按钮，分别为 Option1 和 Option2，应设定其 ButtonCount 属性值为_____。要将其用于显示表中性别字段（字符型）内容，内容为"男"或"女"，应分别设定 Option1，Option2 的_____属性为"男"和"女"，并设定 Optiongroup1 的_____属性绑定该数据源。

（23）设有 kscj 表（考试成绩表）、xx 表（学校字典表）和 temp（临时表）。

① kscj 表包含两个字段:"准考证号"(zkz C(10))和"成绩"(cj N(3)),其中,准考证的组成结构为"3 位学校代号 + 2 位语种代号 + 3 位考场号 + 2 位顺序号";

② xx 表包含两个字段:"学校代号"(dh C(3))和"学校名称"(mc C(32));

③ temp 表包含两个字段:"学校代号"(dh C(3))和"结果"(jg N(6,2))。

对于图 1-8-3 所示的表单,列表框、"平均成绩"命令按钮、"合格人数"命令按钮和表格控件的 Name 属性值分别为 lst1,cm1,cm2 和 gtp,表格控件的数据源为 temp 表。表单执行时,用户在列表框中选择某个学校后,单击"平均成绩"则在表格控件中显示该学校各个语种的平均成绩,单击"合格人数"则在表格控件中显示该学校各个语种的合格人数,且表格第 2 列的标头控件的标题与命令按钮的标题一致。

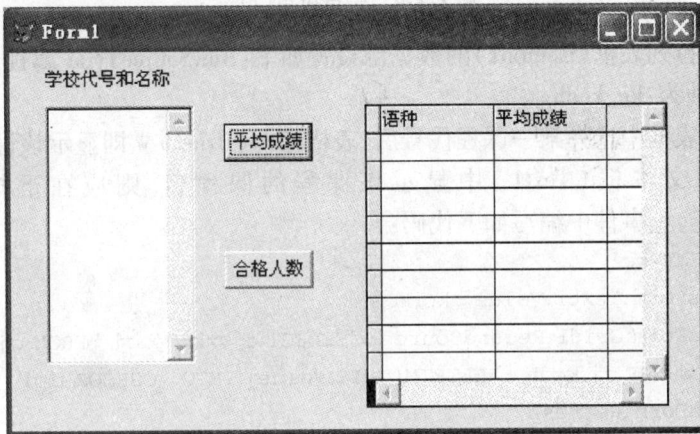

图 1-8-3　表单应用(1)

请根据上述的功能要求,完善"平均成绩"命令按钮的 Click 事件代码:

```
SELECT SUBS(zkz,4,2) AS dh, AVG(cj) AS jg;
    FROM kscj;
    WHERE LEFT(zkz,3) = _____;
    GROUP BY 1;
    INTO TABLE tempx
SELECT temp
ZAP
APPEND FROM _____
GOTO TOP
ThisForm.gtp.Column2.Header1.Caption = This.Caption
ThisForm.Refresh
```

(24)某数据库中包含课程(kc)表和成绩(cj)表,课程表中含有课程代号(kcdh)、课程名(kcm)和学分(xf)等字段,成绩表中含有学号(xh)、课程代号(kcdh)和成绩(cj)等字段。现已创建一个按课程代号查询学生成绩的表单如图 1-8-4 所示。

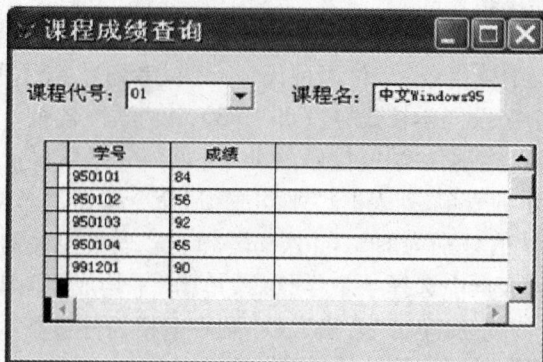

图 1-8-4 表单应用(2)

表单中下拉列表框(Combo1)的数据源设置如下:RowSourceType 属性为:6 - 字段,RowSource 属性为:kc. kcdh。

在下拉列表框中选择某一课程代号后,表格控件(Grid1)立即显示该课程所有学生的成绩,且在文本框(Text1)中显示该课程的课程名,则应在下拉列表框的_____事件中编写如下代码:

```
SELECT kc
ThisForm.Text1.Value = kc.kcm
ThisForm.Grid1.RecordSource = 'SELECT cj.xh,cj.cj  FROM cj;
    WHERE cj.kcdh = ALLTRIM(THIS.Value) INTO  CURSOR tmp'
ThisForm.Refresh
```

根据以上代码可判定,表格控件(Grid1)的 RecordSourceType 属性为_____。

(25) 某表单的数据环境中包含 kc 表和 cj 表,cj 表按 kcdh 字段已建立索引标识 cjkcdh。当表单运行时,如图 1-8-5 所示。

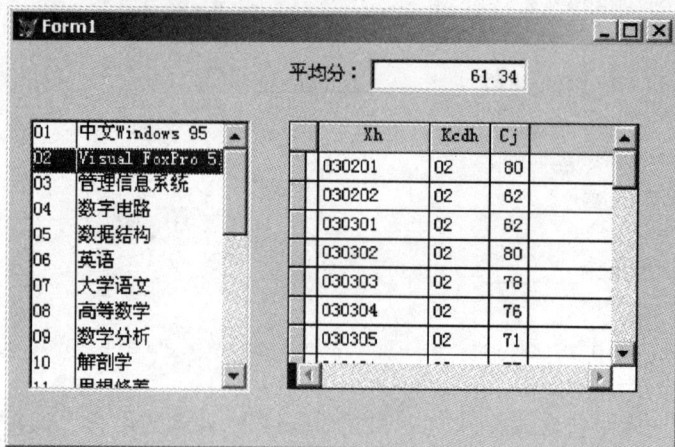

图 1-8-5 表单应用(3)

① 列表框的 BoundColumn 为 1,要求显示 kc 表的课程代号(kcdh)、课程名(kcm)和课时数(kss)字段,则列表框的 RowSourceType 属性值为:6-字段,RowSource 属性值

为_____。

② 若在列表框中选中某门课程时,表格中显示该课程的所有学生的成绩,且在文本框 text1 中显示该课程的平均分,则表格的 ChildOrder 属性为_____,LinkMaster 属性为_____,RelationExpr 属性为_____。

列表框的 InteractiveChange 事件代码中应含有:

```
SELECT AVG( cj.cj) FROM cj;
   WHERE cj.kcdh = _____ INTO ARRAY t
This._____.text1.Value = t
```

(26) 某表单(fml)上有一个列表框(list1)、一个文本框(text1)和一个命令按钮(command1,其 Caption 属性为"添加")。请完善命令按钮的 Click 事件代码以实现以下功能:在文本框 text1 中输入字符串,如果该字符串在列表框中不存在,就将该字符串插入到列表框中,否则弹出对话框给出信息提示"该字符串已经存在,请重新输入"。运行表单时参考界面如图 1-8-6 所示。

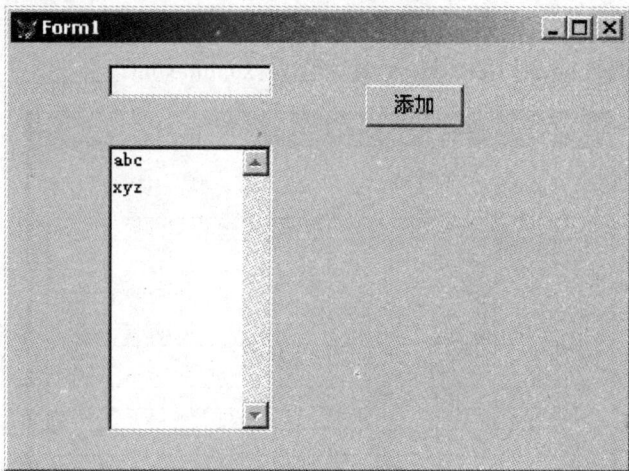

图 1-8-6 表单应用(4)

```
flag = 0
FOR n = 1 TO ThisForm.list1.ListCount
    IF ThisForm.list1.List(n) = _____
        flag = 1
    ENDIF
ENDFOR
IF flag = 0
        _____(ThisForm.text1.Value)
ELSE
    MESSAGEBOX('该字符串已经存在,请重新输入')
ENDIF
```

(27) 为了用颜色区分表格的奇数列与偶数列,在 Grid 子类 MyGrid 中定义了一个新方法 SetBackColor 和两个属性:color1 与 color2。SetBackColor 方法把表格奇数列的背景设定为 color1,把偶数列的背景设定为 color2,请将如下代码补充完整:

```
LOCAL i
FOR i = 1 TO This.ColumnCount
    This._____.BackColor=IIF(i%2=0,This.color2,;
      This.color1)
Endfor
```

上述变量 i 能否被高层或低层程序访问:_____。

(28) 如图 1-8-7 所示的表单用于浏览教师(js)信息。为了在表格控件中以不同的背景色显示男、女教师的信息,则在表格控件的 Init 事件代码中,可使用如下形式的语句:

```
This._____('DynamicBackcolor',IIF(xb ='女',RGB(255,0,0);
    RGB(0,0,255)),'Column')
```

表单中下拉列表框的 RowSourceType 属性为: 6-字段,数据源为系名代码表(表的文件名为 xmdm. dbf,含系代码(xdm)和系名(xim)两个字段),为了使下拉列表中显示系代码和系名两列数据,则 RowSource 属性值为:xmdm. xdm,_____。

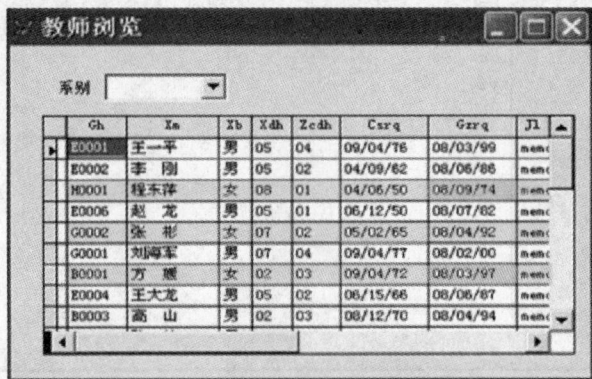

图 1-8-7　表单应用(5)

(29) 请完善图 1-8-8 中选项按钮组的 Click 事件代码,使其实现如下功能:在该表单运行时,单击选项按钮组中的某个选项按钮,则在右边的列表框中显示相应表的字段名信息。

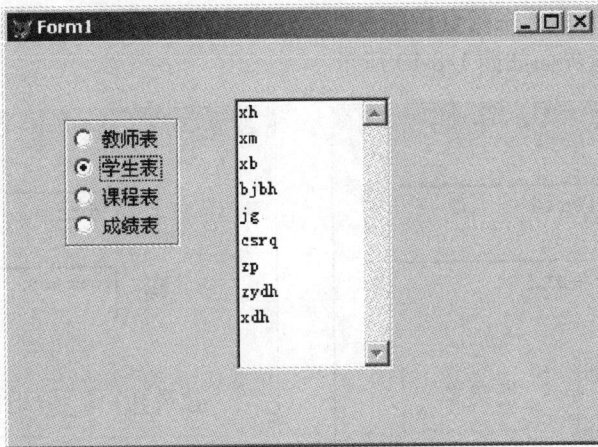

图1-8-8　表单应用(6)

```
DO CASE
  CASE This.Value = 1
    x = "js"
  CASE This.Value = 2
    x = "xs"
  CASE This.Value = 3
    x = "kc"
  CASE This.Value = 4
    x = "cj"
ENDCASE
SELECT (x)
ThisForm.list1._____ = 8
ThisForm.list1.RowSource = _____
ThisForm.Refresh
```

(30) Visual FoxPro 主窗口实质上是一个特殊的表单，用户也可以用设计和处理表单的方法来对 Visual FoxPro 主窗口进行处理。例如，运行下列程序段，可以在 Visual FoxPro主窗口中添加一个标签控件 bqlx，并以居中的方式显示文本"欢迎使用"。

```
_Screen._____ ('bqlx','Label')           && 向主窗口中添加标签控件
WITH _Screen.bqlx
    .Left = _Screen.Left
    .Width = _Screen.Width
    .Alignment = 2                          && 居中对齐
    .Height = 28
    .Top = (_Screen.Height - 28)/2
    ._____ = '欢迎使用'
    .Visible = .T.
ENDWITH
```

(31) 设有一个用于系统登录的表单,表单设计界面(即在表单设计器中显示)如图1-8-9所示,运行界面如图1-8-10所示。

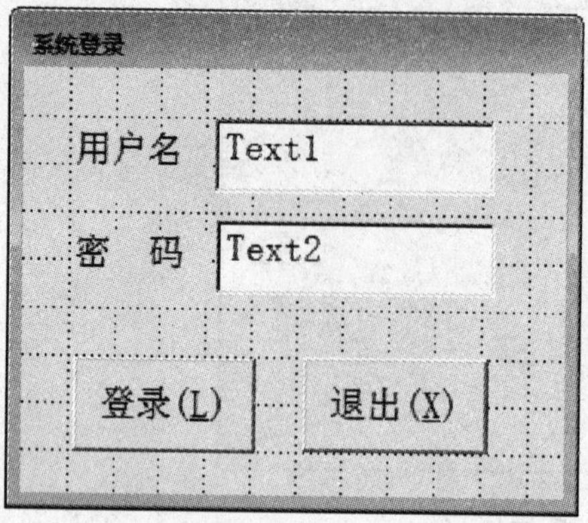

图1-8-9 表单应用(7)

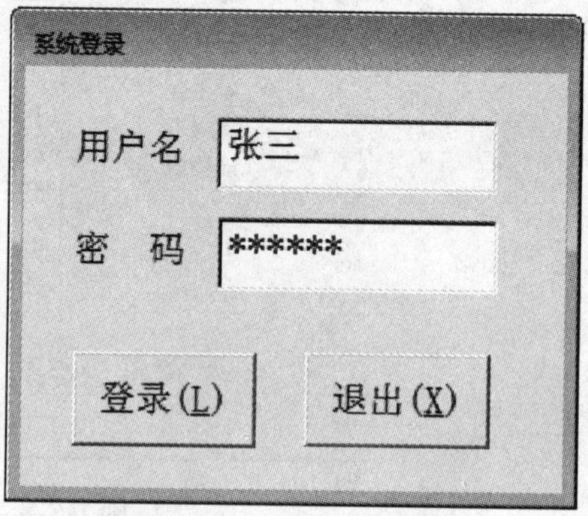

图1-8-10 表单应用(8)

从图 1-8-9、图 1-8-10 中可以看出:

① 表单的_____属性值设置为.F.,表单无任何控制按钮(即无最小化/最大化按钮、关闭按钮、控制图标)。

② 文本框 Text2 的_____属性值设置为星号(＊),在表单运行时该文本框中输入的数据均以星号显示。

③ 表单无关闭按钮,在"退出"命令按钮中必须包含关闭表单的语句,该语句为:

_____ ThisForm

第9章 报 表

9.1 实训要点

1. 报表类型与报表创建

（1）了解报表的概念、扩展名（.FRX 和.FRT）和类型（列报表、行报表、一对多报表、多列报表）。

（2）掌握使用报表向导和一对多报表向导创建报表的方法。利用向导创建报表时，最多可选 3 个索引字段作为记录的排列顺序。

（3）掌握报表不同带区（标题、列标头、页标头、组标头、细节、组注脚、页注脚、列注脚、总结）的使用和作用。

（4）掌握报表主要控件（标签控件、域控件、ActiveX 控件）的使用。

（5）掌握分组报表的创建。注意：创建前，应先设置数据环境中字段的 ORDER 属性，且分组时最多可以设置 3 个分组层次。

（6）了解报表创建命令：
```
CREATE REPORT <报表文件名> FROM <表文件名>
```

2. 报表的调用与修改

（1）掌握报表的调用命令：
```
REPORT FORM <报表文件名> [PREVIEW][TO PRINTER][SUMMARY]
```
其中，PREVIEW 表示预览报表；TO PRINTER 表示打印报表；SUMMARY 表示只打印"总结"部分，忽略"细节"部分。

（2）了解报表的修改 MODIFY REPORT 命令。

9.2 实训练习

1. 选择题

(1) 报表文件的扩展名是( )。

A. .FRX 和.FRT   B. .FRX 和.FPT

C. .FXP 和.FPT   D. .FXP 和.FRT

(2) Visual FoxPro 的报表文件.FRX 中保存的是( )。

A. 打印报表的预览格式   B. 打印报表本身

C. 报表的格式和数据   D. 报表设计格式的定义

(3) 报表样式有( )种。

A. 2   B. 3

C. 4   D. 5

(4) 报表的常规类型有列报表、行报表、一对多报表和多列报表,下列有关列报表和行报表的叙述中,正确的是( )。

A. 列报表是指报表中每行打印一条记录;行报表是指每行打印多条记录

B. 列报表是指报表中每行打印多条记录;行报表是指每行打印一条记录

C. 列报表是指报表中每行打印一条记录;行报表是指多行打印一条记录

D. 列报表是指报表中每行打印多条记录;行报表是指多行打印一条记录

(5) 下面哪种不是报表布局的常规类型( )。

A. 列报表   B. 行报表

C. 多对一报表   D. 多列报表

(6) 报表的数据源可以是( )。

A. 表或视图   B. 表或查询

C. 表、查询或视图   D. 表或其他报表

(7) 下列关于报表的说法中,正确的是( )。

A. 报表必须有别名   B. 报表的数据源不可以是视图

C. 报表的数据源不可以是临时表   D. 可以不设置报表的数据源

(8) 在报表设计器中,报表最多可以分为( )种不同类型的报表带区(如页标头区、细节区等)。

A. 3   B. 5

C. 7   D. 9

(9) 在创建快速报表时,系统默认的基本带区包括( )。

A. 标题、细节和总结   B. 页标头、细节和页注脚

C. 组标头、细节和组注脚   D. 报表标题、细节和页注脚

（10）要创建快速报表,应当用(　　　)。

A. 热键
B. 快捷键
C. 事件
D. 菜单

（11）如果想在报表中每个记录数据上端都显示该字段的标题,则将这些字段标题标签设置在(　　　)带区中。

A. 页标头
B. 细节
C. 页注脚
D. 组标头

（12）利用报表向导创建报表时,最多可以选定(　　　)个字段作为报表数据的排序。

A. 1
B. 2
C. 3
D. 4

（13）为了在报表中打印当前时间,这时应该插入一个(　　　)。

A. 表达式控件
B. 域控件
C. 标签控件
D. 文件控件

（14）在报表设计中,关于报表标题,下列叙述中正确的是(　　　)。

A. 每页打印一次
B. 每报表打印一次
C. 每组打印一次
D. 每列打印一次

（15）在报表设计中,可以使用的控件是(　　　)。

A. 标签、域控件和线条
B. 标签、域控件和视图
C. 标签、文本框和列表框
D. 布局和数据源

（16）有报表文件 pp1,在报表设计器中修改该报表文件的命令是(　　　)。

A. CREATE REPORT pp1
B. MODIFY REPORT pp1
C. CREATE pp1
D. MODIFY pp1

（17）在 Visual FoxPro 系统中,报表可以分为不同的带区,用户利用不同的报表带区控制数据在报表页面的打印位置。以下各项是报表的部分带区名,其中(　　　)只在报表的每一页上打印一次。

A. 总结
B. 页标头
C. 标题
D. 细节

（18）Visual FoxPro 中,在屏幕上预览报表的命令是(　　　)。

A. PREVIEW REPORT
B. REPORT FORM PREVIEW
C. DO REPORT PREVIEW
D. RUN REPORT PREVIEW

（19）在 VFP 中,运行报表文件 pp. FRX 可用命令(　　　)。

A. DO pp. FRX
B. DO FORM pp. FRX
C. REPORT FORM pp. FRX
D. REPORT pp. FRX

（20）VFP 提供(　　　)种标准标签类型。

A. 28
B. 56
C. 86
D. 3

(21) Visual FoxPro 中可以用 REPORT 命令预览或打印报表。下列有关该命令的叙述中,错误的是(　　)。

  A. 命令中可以通过 RANGE 短语指定处理的页面范围

  B. PREVIEW 选项指定以页面预览模式显示报表

  C. SUMMARY 选项指定只打印总计和分类总计信息

  D. FOR 子句指定打印条件,满足条件的记录被输出

(22) 在下列有关报表设置的叙述中,错误的是(　　)。

  A. 定义报表的两个要素是报表的数据源和报表的布局

  B. 报表的数据源只能是表

  C. 报表布局的常规类型有列报表、行报表、一对多报表等

  D. 标签实质上是一种多列布局的特殊报表

(23) 在 Visual FoxPro 中,报表的数据源不包括(　　)。

  A. 视图　　 B. 自由表

  C. 库表　　 D. 文本文件

2. 填空题

(1) 报表设计器中有 3 个基本的带区,分别为_____、细节和页注脚带区。

(2) 在 VFP 中可创建分组报表。系统规定,最多可以选择_____层分组层次。

(3) 使用报表打印表中的数据,需在报表中将与表字段相关的控件放在报表中的_____带区。

(4) 为了在报表中插入一个文字说明,应该插入一个_____控件。

(5) 为修改已建立的报表文件打开报表设计器的命令是_____。

(6) 在 Visual FoxPro 中,不同的报表带区有不同的作用,主要表现在数据的处理方式和打印次数。在一个报表中最多可以有 9 种类型的带区,其中标题带区和_____带区在每个报表中仅打印一次,它们与记录数、页数无关。

(7) 在 Visual FoxPro 中,可以使用命令预览报表文件。例如,使用下列命令可以预览报表文件 abc:

  _____ abc PREVIEW

(8) 若要在报表的每一页打印页码,可以在报表的页标头或页注脚带区中加入含有_____(系统变量)的域控件。

(9) 在使用报表向导创建报表时,如果数据源包括父表和子表,应该选取_____报表向导。

第 10 章　菜单设计和项目管理

10.1　实训要点

1. 菜单的创建

(1) 了解菜单的类型(快捷菜单、SDI 菜单和普通菜单)和扩展名(. MNX,. MNT,. MPR和. MPX)。

(2) 了解菜单创建 CREATE MENU 命令。

(3) 熟练掌握菜单项的设计,包括菜单名称、结果和选项的设计。其中,访问键的设置为"\ <"加字母,分组线的设置为"\ -"。注意区分主、子菜单中结果选项的不同。

(4) 掌握菜单项的启用或废止设置。注意:"跳过"文本框中逻辑表达式为. T. 时表示废止菜单。

(5) 掌握常规选项中"过程"、"设置"和"清理"等有关代码的设置。尤其要注意常规选项的"过程"代码与系统的"显示"菜单栏中的"菜单选项"代码的不同。

(6) 掌握快捷菜单的创建。在创建结束后要将快捷菜单附加到表单或控件中,并在要附加快捷菜单的控件的"RightClick Event"项中执行调用菜单的命令:

```
DO 快捷菜单文件.MPR
```

(7) 掌握 SDI 菜单的创建,注意 SDI 菜单设计和普通菜单的不同。

(8) 掌握 SDI 菜单调用:在顶层表单的 Init 事件中执行:

```
DO < SDI 菜单文件 > .MPR WITH THIS,.T.
```

2. 菜单的使用

(1) 掌握菜单程序的生成。注意菜单运行只对. MPR 文件有效。

(2) 了解菜单的修改 MODIFY MENU 命令。

(3) 掌握菜单运行命令:

```
DO 菜单名.MPR
```

命令中的扩展名. MPR 不能省略。

(4) 掌握 Visual FoxPro 系统菜单配置命令:

```
SET SYSMENU ON/OFF/AUTOMATIC/TO [DEFAULT]/SAVE/NOSAVE
```

重点掌握 VFP 系统菜单恢复命令:

```
SET SYSMENU TO DEFAULT
```

3. 项目管理

（1）理解项目的概念。

（2）熟练掌握项目管理器中各种文件的创建、添加、修改、移去、编译等操作。项目管理器中不同选项卡包含的文件类型不同。

（3）理解主文件的概念，并掌握其设置方法。

（4）掌握项目信息的设置以及文件的排除和包含。包含可执行程序（如程序、表单、报表、查询和菜单等）的文件应该在应用程序文件中设置为"包含"，数据文件则设置为"排除"。另外，主文件不能排除。

（5）了解应用程序运行命令。

10.2 实训练习

1. 选择题

(1) 以下是与设置系统菜单有关的命令,其中错误的是(　　)。

　　A. SET SYSMENU DEFAULT　　　　　B. SET SYSMENU TO DEFAULT

　　C. SET SYSMENU NOSAVE　　　　　　D. SET SYSMENU SAVE

(2) 在菜单设计中,可以在定义菜单名称时为菜单项指定一个访问键。规定了菜单项的访问键为"x"的菜单名称定义是(　　)。

　　A. 综合查询\<(x)　　　　　　　　　B. 综合查询/<(x)

　　C. 综合查询(\<x)　　　　　　　　　D. 综合查询(/<x)

(3) 选中菜单选项,希望系统执行一组命令,则在"结果"中选用(　　)。

　　A. 命令　　　　　　　　　　　　　B. 填充名称

　　C. 子菜单　　　　　　　　　　　　D. 过程

(4) 假设已经生成了名为 mymenu 的菜单文件,执行该菜单文件的命令是(　　)。

　　A. DO mymenu　　　　　　　　　　B. DO mymenu.mpr

　　C. DO mymenu.pjx　　　　　　　　　D. DO mymenu.mnx

(5) 在 Visual FoxPro 中,使用"菜单设计器"定义菜单,最后生成的菜单程序的扩展名是(　　)。

　　A. .MNX　　　　　　　　　　　　　B. .PRG

　　C. .MPR　　　　　　　　　　　　　D. .SPR

(6) 在一个 Visual FoxPro 项目中可以选择一个文件设置为主文件,用它作为应用系统运行时的起点。在下列 4 种类型的文件中,不能作为主文件的是(　　)。

　　A. 数据表　　　　　　　　　　　　B. 表单

　　C. 菜单　　　　　　　　　　　　　D. 程序

(7) 文本文件可以添加到项目管理器中的(　　)选项卡中。

　　A. 文档　　　　　　　　　　　　　B. 数据

　　C. 代码　　　　　　　　　　　　　D. 其他

(8) 在下列与项目设置、连编等操作相关的叙述中,错误的是(　　)。

　　A. 一个项目中只能设置一个主程序

　　B. 在连编项目之前,必须将所有的文件设置为包含

　　C. 将项目连编为可执行程序后,该可执行程序可以在不启动 VFP 的情况下执行

　　D. 利用连编操作,可以将项目文件中的类信息连编成具有 DLL 文件扩展名的动态链接库

(9) 在下列与项目设置、连编等操作相关的叙述中,错误的是( )。

    A. 在默认情况下,数据库与表在项目中处于排除状态,表单、菜单、程序处于包含状态

    B. 系统总是将第一个创建的且可以设置为主程序的文件设置为默认的主程序

    C. 在连编项目时,系统将检查是否存在语法错误

    D. 将项目连编为可执行程序后,项目中所有的文件将被编译在该可执行文件中

(10) 扩展名为.mpr 的文件是( )。

    A. 菜单文件   B. 菜单程序文件

    C. 菜单备注文件   D. 菜单参数文件

(11) 下列有关菜单和工具栏的叙述中,错误的是( )。

    A. VFP 系统菜单是一个动态菜单系统,在针对不同类型的文件操作时系统会自动地调整菜单

    B. 利用菜单设计器可以创建快捷菜单

    C. 用户可以将一个菜单添加到自己设计的表单中

    D. 在创建(设计)自定义工具栏时,所有可以添加到表单中的控件都可以添加到工具栏上

2. 填空题

(1) 弹出式菜单可以分组,插入分组线的方法是在"菜单名称"项中输入_____两个字符。

(2) VFP 的菜单可分为_____和_____。

(3) 若菜单项"打印"设置访问键[Alt]+[P],则"打印"菜单项的标题输入为_____。

(4) 在菜单设计器中设置某一菜单(项)的"结果",就是指定在选择该菜单(项)时发生的动作,即指定任务。可以设置的"结果"类型有命令、填充名称、_____和过程。

(5) 要启用或废止菜单或菜单项,在"提示选项"对话框的_____中输入一个逻辑表达式。表达式的值为_____时,废止;为_____时,启用。

(6) 恢复 VFP 系统的默认菜单,使用命令_____。

(7) 在 VFP 中,可以作为项目主文件的有_____。

(8) 将 project 项目连编成 myproject.exe 文件,命令为_____。

(9) VFP 应用程序中一般要包含启动事件循环的命令和结束事件循环的命令,且启动事件循环的命令通常包含在主程序中,该命令为:

        _____ EVENTS

(10) 项目管理器的数据选项卡用于显示和管理数据库、查询、视图和_____。

（11）将一个项目编译成一个应用程序时，如果应用程序中包含需要用户修改的文件，必须将该文件标为_____。

（12）利用菜单设计器创建一个菜单文件 mymenu 并运行之，则会在磁盘上保存_____个文件，它们的主文件名相同而扩展名不同。

（13）利用菜单设计器创建菜单时，可以在"常规选项"对话框中设置新建菜单的"位置"，即指定新建菜单与已有菜单系统（即 VFP 系统菜单）之间的位置关系。"位置"共有 4 种选项，分别为替换、_____、在……之前和在……之后。

实验一　VFP 基本操作练习

一、实验目的

通过本次实验,掌握 VFP 基本命令、变量和数组的操作、运算符的使用。

二、实验准备

1. 在"我的电脑"窗口中的 E 盘新建文件夹 data。
2. 运行 VFP 6.0。

三、实验内容

(一) 常用命令

在"命令"窗口中,分别输入并运行以下命令,观察结果:

1. DIR　&& 显示当前目录下所有的扩展名为 .DBF 的文件目录,结果如图 2-1-1 所示。

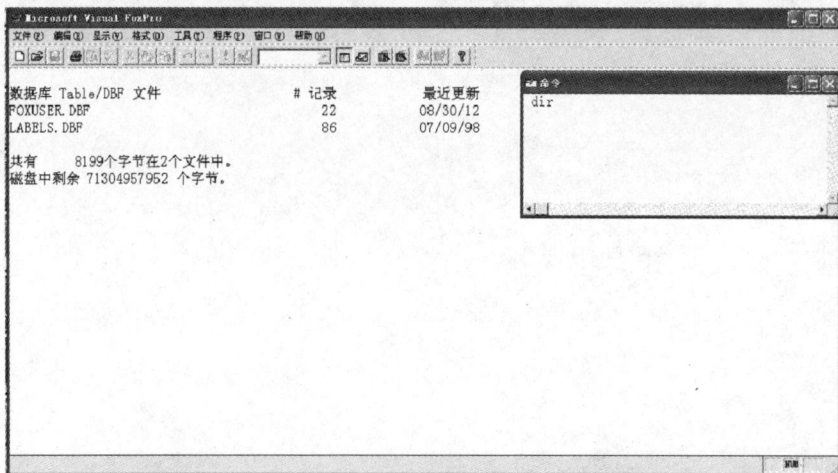

图 2-1-1　DIR 命令显示结果

2. DIR E:*.*

3. COPY FILE labels.dbf TO xx.dbf   && 运行后再运行 DIR 命令看结果

4. RENAME xx.dbf TO yy.dbf   && 运行后再运行 DIR 命令看结果

5. DELETE FILE yy.dbf

6. MD E:\new

7. CD E:\new

8. DIR

9. CD E:\

10. RD E:\new

（二）常量、变量、数组和运算符的操作

1. 单击"工具"下"选项"菜单项,选择"文件位置"页面,修改"默认目录"为 E 盘 data 文件夹;或者在"命令"窗口中输入并运行命令 SET DEFAULT TO E:\data,设置默认路径为 E 盘 data 文件夹。

2. 在"命令"窗口中,分别输入并运行以下命令,观察结果:

（1） STORE 12 +3 TO a1, a2, a3

（2） DISPLAY MEMORY LIKE a?

（3） b1 =1.3e5

（4） b2 ='jiangsu'

（5） b3 = $200

（6） b4 = .F.

（7） b5 = {09/12/2000}   && 运行后察看提示框内容

（8） b5 = {^2000/09/12}

（9） 单击"工具"下"选项"菜单项,选择"常规"页面,将严格日期格式设置为"关闭"

（10） b6 = {08/13/2001   9:12:12 pm}

（11） DISPLAY MEMORY   && 观察显示内容

（12） INPUT '请给 C1 赋值' TO c1   && 运行观察屏幕显示内容,输入:12,回车

（13） INPUT '请给 C2 赋值' TO c2   && 运行观察屏幕显示内容,输入:.t.,回车

（14） INPUT '请给 C3 赋值' TO c3   && 运行观察屏幕显示内容,输入:'abc',回车

（15） ACCEPT '请给 C4 赋值' TO c4   && 运行观察屏幕显示内容,输入:15,回车

（16） ACCEPT '请给 C5 赋值' TO c5   && 运行观察屏幕显示内容,输入:efd,回车

（17） WAIT '请给 C6 赋值:' TO c6   && 运行观察屏幕显示内容,输入:1

（18） WAIT '请给 C7 赋值:' TO c7   && 运行观察屏幕显示内容,输入:a

（19） DISPLAY MEMORY LIKE c?   && 观察变量类型和值

（20） LIST MEMORY   && 观察显示内容和显示方式

（21） DISPLAY MEMORY   && 观察显示内容和方式,与上面一条命令进行比较

（22）? a1,a2,b2,c4

（23）? a1 +3,c1 -2

（24）? b5

（25）SET DATE TO BRITISH

（26）? b5

（27）SET DATE TO LONG

（28）? b5

（29）SET DATE TO USA

（30）SET CENTURY ON

（31）? b5,b6

（32）SET HOURS TO 24

（33）? b6

（34）CLEAR   && 清屏

（35）@ 10,10 SAY b2

（36）CLEAR

（37）RELEASE c2,a1

（38）RELEASE ALL LIKE ?3

（39）DISPLAY MEMORY   && 观察显示内容

（40）? b5

（41）?? a2

（42）?? b1

（43）? c4   && 观察显示内容,注意? 和?? 显示内容的位置

（44）SAVE TO memo1

（45）SAVE TO memo2 ALL LIKE c *

（46）DIR *.mem

（47）RELEASE ALL

（48）DISPLAY MEMORY   && 观察显示内容,注意是否还有内存变量

（49）f1 = .T.

（50）RESTORE FROM memo1 ADDITIVE

（51）DISPLAY MEMORY   && 观察显示内容

（52）RELEASE ALL

（53）f2 = 3

（54）RESTORE FROM memo1

（55）DISPLAY MEMORY   && 观察变量 f2 是否还在,理解 ADDITIVE 的作用

（56）DIMENSION aa(3)

（57）DISPLAY MEMORY LIKE aa   && 观察每个元素的类型和值

（58）? aa   && 只显示第一个元素的值

（59）aa(1)=1

（60）aa(2)= .T.

（61）aa（3）=｛08/12/2001｝

（62）DISPLAY MEMORY LIKE aa   && 观察每个元素的类型和值

（63）aac = aa   && 将第一个元素的值赋给 aac

（64）DISPLAY MEMORY LIKE aa?   && 观察变量和数组每个元素的类型和值

（65）aa ='dsvdsvds'

（66）DISPLAY MEMORY LIKE aa   && 观察每个元素的类型和值

（67）DIMENSION bb（2,3）

（68）DISPLAY MEMORY LIKE bb   && 观察每个元素的类型和值

（69）RELEASE ALL

（70）? 2 +3 * 4 / 2 -1

（71）? 3^2,5^2

（72）? 12% 3

（73）? 13% 4, -13% -4, -13% 4,13% -4

（74）a1 ='asd'

（75）a2 ='124'

（76）a3 = a1 + a2

（77）a4 = a1 - a2

（78）DISPLAY MEMORY LIKE a?

（79）? a1 $a3

（80）a1 ='ab'

（81）a2 ='ABCD'

（82）? a1 $a2   && 注意结果,字符串比较的时候要区分大小写

（83）b1 =｛12 / 3 /1999｝+3

（84）DISPLAY MEMORY LIKE b?   && 注意类型

（85）b2 =｛12 / 3 /1999｝-5

（86）DISPLAY MEMORY LIKE b?   && 注意类型

（87）b3 = b1 - b2

（88）DISPLAY MEMORY LIKE b?   && 注意类型

（89）c1 =｛11 / 12 /2000 10:0:0 am｝

（90）c2 = c1 +10

（91）c3 = c1 -10

（92）c4 = c2 - c3

（93）DISPLAY MEMORY LIKE c?   && 注意类型

（94）d1 = .T.

（95）d2 = .F.

（96）? d1 and .T.

（97）? d2 and .T.

（98）? d1 and .F.

（99）? d2 and .F.

（100）? d1 or .T.

（101）? d2 or .T.

（102）? d1 or .F.

（103）? d2 or .F.

（104）? not d1

（105）? not d2

（106）? 12 >3

（107）? 12 <3

（108）e1 ='abc'

（109）? e1 ='abc'

（110）? e1 ='Abc'

（111）? 12 #13

（112）? 'abcd' <>'abce'

（113）SET EXACT OFF

（114）? 'abcd' ='ab'

（115）? 'abcd' =='ab'

（116）? 'abc   ' ='abc'

（117）? 'abc' ='abc   '

（118）SET EXACT ON   && 观察 on 和 off 状态下的结果有何异同

（119）? 'abcd' ='ab'

（120）? 'abcd' =='ab'

（121）? 'abc   ' ='abc'

（122）? 'abc' ='abc   '

（三）退出 VFP

在"我的电脑"窗口中,将 E 盘下的 data 文件夹复制到自己的 U 盘中。

实验二　常用函数

一、实验目的

通过本次实验,掌握常用函数的使用。

二、实验准备

1.在"我的电脑"窗口,将自己U盘中的data文件夹复制到E盘。

2.运行VFP 6.0,单击"工具"下的"选项"菜单项,选择"文件位置"页面,修改"默认目录"为E盘data文件夹;或在命令窗口输入运行命令SET DEFAULT TO E:\data,设置默认路径为E盘data文件夹。

3.单击"工具"下的"选项"菜单项,选择"常规"页面,将严格日期格式设置为"关闭"。

三、实验内容

(一) 函数的使用

1. ABS( ):返回一个数值表达式的绝对值。

语法: ABS(数值表达式)

返回值:数值型

　　?　ABS(5),ABS(-5)　　　　　　　　&& 结果为

2. INT( ):取一个数值型表达式的整数部分。

语法: INT(数值表达式)

返回值:数值型

　　?,　INT(12.5)　　　　　　　　　　&& 结果为

　　?　INT(6.25 * 2)　　　　　　　　&& 结果为

　　?　INT(-12.5)　　　　　　　　　&& 结果为

　　STORE -12.5 TO gnnumber

　　?　INT(gnnumber)　　　　　　　　&& 结果为

3. MAX( ):返回若干个表达式中的最大值。

语法: MAX(表达式1,表达式2[,表达式3…])

返回值:字符型、数据值、日期(时间)型、货币型、双精度型

说明:各表达式的数据类型须一致。

 ? MAX(1, -3,5,2 +4)   && 结果为

 ? MAX('A','C','H')   && 结果为

4. MIN( ):返回若干个表达式中的最小值。

语法: MIN(表达式1,表达式2[,表达式3……])

返回值:字符型、数据值、日期(时间)型、货币型、双精度型

说明:各表达式的数据类型须一致。

 ? MIN(1, -3,5,2 +4)   && 结果为

 ? MIN('A','C','H')   && 结果为

5. MOD( ):计算一个数值表达式除以另一个数值表达式后所得的余数。

语法: MOD(被除数,除数)

返回值:数值型

 ? MOD(18,5)   && 结果为

 ? MOD(18, -5)   && 结果为

 ? MOD(-18, -5)   && 结果为

 ? MOD(-18,5)   && 结果为

6. ROUND( ):返回一个在指定小数位上四舍五入后的数。

语法: ROUND(数值表达式,小数位)

返回值:数值型

 ? ROUND(1254.1962,3)   && 结果为

 ? ROUND(1254.1962,2)   && 结果为

 ? ROUND(1254.1962,0)   && 结果为

 ? ROUND(1254.1962, -1)   && 结果为

 ? ROUND(1254.1962, -2)   && 结果为

 ? ROUND(1254.1962, -3)   && 结果为

7. RAND( ):返回一个0 – 1之间的随机数。

语法: RAND( )

返回值:数值型

 ? RAND( )   && 结果为

 ? RAND( )   && 结果为

 ? RAND( )   && 结果为

8. SQRT( ):返回数值表达式的值的平方根(正根)。

语法: SQRT(数值表达式)

返回值:数值型

 ? SQRT(4)   && 结果为

9. **ALLTRIM( ):去掉字符型表达式开头和结尾的空格。**

语法:ALLTRIM(字符表达式)

返回值:字符型

```
cstring ="  Visual FoxPro  "
?   ALLTRIM(cstring)              && 返回结果为
```

10. **LTRIM( ):去掉字符串左边(首部)的空格。**

语法:LTRIM(字符表达式)

返回值:字符型

```
cstring ="  Visual FoxPro  "
?   LTRIM(cstring)               && 返回结果为
```

11. **RTRIM( ):去掉字符串右边(首部)的空格。**

语法:RTRIM(字符表达式)

返回值:字符型

```
cstring ="  Visual FoxPro  "
?   RTRIM(cstring)               && 返回结果为
```

12. **TRIM( ):同 RTRIM( )。**

13. **LEN( ):返回一个字符串的长度。**

语法:LEN(字符表达式)

返回值:数值型

```
a1 ='ABCDE123 4'
?   LEN(a1)                      && 返回结果为
```

14. **AT( ):返回字符串1在字符串2中首次出现的位置。**

语法:AT(字符串1,字符串2[,出现的次数])

返回值:数值型

```
STORE 'Now is the time for all good men' TO string
STORE 'i' TO find
?   AT(find,string)             && 结果为
?   AT(find,string,2)           && 结果为
STORE 'IS' TO find
?   AT(find,string)             && 结果为
```

15. **ATC( ):返回字符串1在字符串2中首次出现的位置。字母不分大小写,其他同 AT( )。**

```
?   ATC(find,string)           && 结果为
```

16. **LEFT( ):返回一个字符表达式结果左边的若干字符。**

语法:LEFT(字符表达式,数值表达式)

返回值:字符型

```
?   LEFT('Redmond,WA',4)        && 结果为
```

17. RIGHT( ):返回一个字符串右边的若干字符。

语法：RIGHT(字符表达式,数值表达式)

返回值:字符型

    ? RIGHT('Redmond, WA', 2)   && 结果为

18. SUBSTR( ):在一个字符串中从指定位置起返回给定长度的子串。

语法：SUBSTR(字符表达式,起点位置[,长度])

返回值:字符型

    STORE 'abcdefghijklm' TO string

    ? SUBSTR(string, 1, 5)   && 结果为

    ? SUBSTR(string, 6)   && 结果为

19. SPACE( ):返回一定数量的空格。

语法：SPACE(数值表达式)

返回值:字符型

    A2 = SPACE(5)

    ? 'AB' + SPACE(2) + 'CD' + A2 + 'QWE' && 结果为

20. DATE( ):返回系统当前日期。

语法：DATE( )

返回值:日期型

    ? DATE( )   && 结果为

21. DATETIME( ):返回系统当前日期时间。

语法：DATETIME( )

返回值:日期时间型

    ? DATETIME( )   && 结果为

22. DAY( ):返回一个日期(时间)型表达式中的"日"。

语法：DAY(日期表达式 |日期时间表达式)

返回值:数值型

    ? DAY({10/01/2001})   && 结果为

    ? DAY(DATE())   && 结果为

23. MONTH( ):返回一个日期(时间)表达式中的月份。

语法：MONTH(日期表达式 |日期时间表达式)

返回值:数值型

    ? MONTH(DATE())   && 结果为

24. YEAR( ):返回一个日期(时间)型数据中的年份。

语法：YEAR(日期表达式 |日期时间表达式)

返回值:数值型

    ? YEAR(DATETIME())   && 结果为

25. DOW( ):以序号形式返回一个日期是星期几,星期天为1,星期一为2,……

语法：DOW(日期表达式 |日期时间表达式)

返回值:数值型

```
    ?    DOW(DATE())                         && 结果为
```

26. CDOW( ):以字符的形式返回日期(时间)型表达式是星期几(Day-Of-Week)。

语法:CDOW(日期表达式 |日期时间表达式)

返回值:字符型

```
    dVar = {10 /01 /2001}
    ?    CDOW(dVar)                          && 结果为
```

27. CMONTH( ):以字符的形式返回日期(时间)型表达式的月份。

语法:CMONTH(日期表达式 |日期时间表达式)

返回值:字符型

```
    ?    CMONTH({10 /01 /2001})              && 结果为
```

28. TIME( ):以 24 小时制返回系统时间。

语法:TIME()

返回值:字符型

```
    ?    '现在时间是:' + TIME()              && 结果为
```

29. ASC( ):返回字符串左边第一个字符的 ASCII 值。

语法:ASC(字符表达式)

返回值:数值型

```
    ?    ASC('abcdef')                       && 结果为
```

30. CHR( ):返回给定 ASCII 值所对应的字符。

语法:CHR(ASCII 值)

返回值:字符型

```
    ?    CHR(65)                             && 结果为
```

31. VAL( ):将字符型的数字转换成数值。

语法:VAL(字符表达式)

返回值:数值型

```
    STORE '12' TO a
    STORE '13' TO b
    ?    VAL(a) + VAL(b)                     && 结果为
    STORE '1.25E3' TO c
    ?    VAL(c)                              && 结果为
    ?    VAL('AB123')                        && 结果为
    ?    VAL('123AB34')                      && 结果为
```

32. CTOD( )|CTOT( ):将字符型转成日期型或日期时间型。

语法:CTOD(字符表达式)

　　　CTOT(字符表达式)

返回值:日期型或日期时间型

```
    STORE '7 /4 /1776' TO a3
    ?    TYPE('CTOD(a3)')                    && 结果为
```

33. DTOC()|TTOC():将日期型或日期时间型转换成字符型。

语法：DTOC(日期表达式 [,1])

　　　　TTOC(日期时间表达式[,1|2])

返回值:字符型

```
    ?    DTOC({10/31/95})                && 结果为
    ?    DTOC({10/31/95},1)              && 结果为
    ?    TTOC(DATETIME())                && 结果为
    ?    TTOC(DATETIME(),1)              && 结果为
    ?    TTOC(DATETIME(),2)              && 结果为
```

34. STR():将数值型转换成字符型。

语法：STR(数值表达式[,长度[,小数位数]])

返回值:字符型

```
    nvar=123456789.556
    ?    STR(nvar)              && 结果为              ,长度为        ,小数位为
    ?    STR(nvar,9)            && 结果为              ,长度为        ,小数位为
    ?    STR(nvar,8)            && 结果为
    ?    STR(nvar,6)            && 结果为
    ?    STR(nvar,5)            && 结果为
    ?    STR(nvar,11,1)         && 结果为              ,长度为        ,小数位为
    ?    STR(nvar,12,2)         && 结果为              ,长度为        ,小数位为
```

35. BETWEEN():返回一个表达式的值是否在两个给定的值之间。

语法：BETWEEN(eTestValue, eLowValue, eHighValue)

返回值:逻辑型或 NULL

说明:3 个参数的数据类型必须相同

```
    ?    BETWEEN(8,10,9)         && 结果为
    ?    BETWEEN({2/14/2000},{1/1/1999},{1/1/2001})   && 结果为
```

36. TYPE():返回一个常量、变量或表达式的值的数据类型。

语法：TYPE(字符表达式)

返回值:字符型

说明:结果以数据类型的缩写字母表示。

```
    ?    TYPE("(12*3)-4")        && 结果为
    ?    TYPE("DATE()")          && 结果为
    ?    TYPE(".T.")             && 结果为
    ?    TYPE("ABC")             && 结果为
    x1=12
    ?    TYPE('x1')              && 结果为
    x1=.NULL.
    ?    TYPE('x1')              && 结果为
```

37. VARTYPE( ):测试表达式的值。(注意与 TYPE( )的区别)

语法： VARTYPE(表达式)

返回值:字符型(C,N,L,U,X 等)

？	VARTYPE(123)	&& 结果为
？	VARTYPE('123')	&& 结果为
？	VARTYPE(x1)	&& 结果为
x1 =12		
？	VARTYPE(x1)	&& 结果为
x1 = .NULL.		
？	VARTYPE(x1)	&& 结果为
？	VARTYPE(x1,.T.)	&& 结果为

38. IIF( ):如果条件成立则返回第一个表达式的值,否则返回第二个表达式的值。

语法： IIF(逻辑表达式,表达式1,表达式2)

返回值:字符型、数值型、日期型、日期时间型、货币型

a =7		
b =8		
？	IIF(a >b,'真','假')	&& 结果为
？	IIF(17 >b,'真','假')	&& 结果为

39. MESSAGEBOX( ):显示一个对话框,注意不能简写前4个字母。

语法： MESSAGEBOX(提示信息内容[,按钮及图标类型[,标题文本]])

返回值:数值型

？	MESSAGEBOX('您真的要退出?',4 +32 +0,'对话窗口')

40. EMPTY( ):测试一个表达式的值是否为空。对字符型而言,空串和空格串为空;数值型、整型、浮点型、双精度型及货币型中0 即为空;空日期和空日期时间也是空。

语法： EMPTY(表达式)

返回值:逻辑型

？	EMPTY(123)	&& 结果为
？	EMPTY("　　")	&& 结果为
？	EMPTY({//})	&& 结果为
？	EMPTY(0)	&& 结果为

41. ISBLANK( ):测试一个表达式的值是否为空。注意与 EMPTY( )的区别,对数值型、浮点型,值为0 时结果为假。

语法： ISBLANK(表达式)

返回值:逻辑型

？	ISBLANK(0)	&& 结果为
？	ISBLANK("　　")	&& 结果为
？	ISBLANK({//})	&& 结果为

42. GETCOLOR( ):打开系统的"颜色"对话框,结果是一个颜色值。

语法:GETCOLOR( )

返回值:数值型

  ? GETCOLOR( )   && 选择红色,返回值为

43. GETFILE( ):打开系统的"打开"对话框,结果为选定的文件及其路径。

语法:GETFILE( )

返回值:字符型

  ? GETFILE( )

44. FILE( ):测试是否存在指定的文件。

语法:FILE(文件名)

返回值:逻辑型

  ? FILE("memo1.mem")   && 结果为

45. LOWER( ):将字符串所有的大写字母转换成小写。

语法:LOWER(字符表达式)

返回值:字符型

  ? LOWER('ABCDbnm')   && 结果为

46. UPPER( ):将字符串中小写字母转换成大写。

语法:UPPER(字符表达式)

返回值:字符型

  ? UPPER('ABCDbnm')   && 结果为

47. 其他一些常用函数(STUFF( ),FLOOR( ),CEILING( ),LIKE( ),INKEY( ),
OCCURS( ),ISNULL( )等)

  ? STUFF('ASDBF12DF',6,2,'QQQQ')   && 结果为

  ? STUFF('ASDBF12DF',6,2,'')   && 结果为

  ? FLOOR(2.3)   && 结果为

  ? FLOOR(-2.3)   && 结果为

  ? CEILING(2.3)   && 结果为

  ? CEILING(-2.3)   && 结果为

  ? LIKE('AB * ','ABEDF')   && 结果为

  ? LIKE('AB?','ABEDF')   && 结果为

  ? LIKE('ABCD','AB?')   && 结果为

  ? INKEY(0)   && 按回车键,结果为

  ? OCCURS('A','ABEADAF')   && 结果为

  ? ISNULL(.NULL.)   && 结果为

(二) 退出 VFP

在"我的电脑"窗口中,将 E 盘下的 data 文件夹复制到自己的 U 盘中。

实验三　表结构的创建、修改和记录的输入

一、实验目的

通过本次实验,掌握分别用表设计器和 SQL 命令建立、修改表的结构,并插入记录的方法;掌握项目文件的创建方法。

二、实验准备

1. 在"我的电脑"窗口,将自己 U 盘中的 data 文件夹复制到 E 盘。

2. 运行 VFP 6.0,单击"工具"下的"选项"菜单项,选择"文件位置"页面,修改"默认目录"为 E 盘 data 文件夹;或在命令窗口输入运行命令 SET DEFAULT TO E:\data,设置默认路径为 E 盘 data 文件夹。

三、实验内容

(一) 用 VFP 的相关命令建立、修改表的结构、输入记录

创建课程基本情况表 kc. dbf,最后表结构见表 2-3-1。

表 2-3-1　kc 表字段

字段名	类型及宽度	字段含义
kch	C/3	课程号
kcm	C/18	课程名
xf	N/2	学分
ksk	L	是否考试课程

在"命令"窗口中输入并运行以下命令,观察结果。

1. CREATE kc 　　&& 打开表设计器

2. 输入指定字段信息,如图 2-3-1 所示,单击"确定"按钮后出现如图 2-3-2 所示提示窗口,单击"是(Y)"按钮,进入数据编辑窗口输入记录,也可以再单击"显示"菜单下的"浏览"项,在浏览窗口中输入记录,输入数据如图 2-3-3 所示。

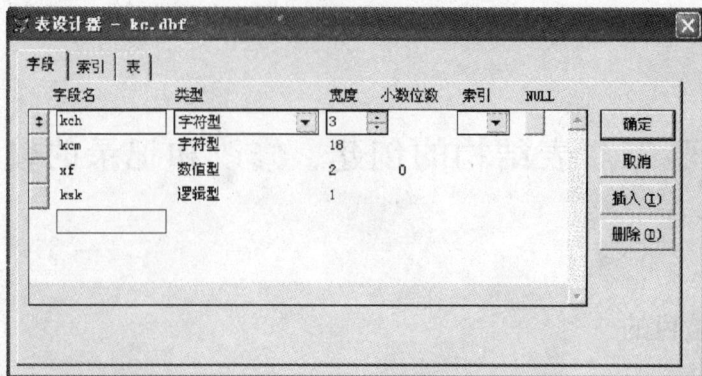

图 2-3-1　kc 表结构

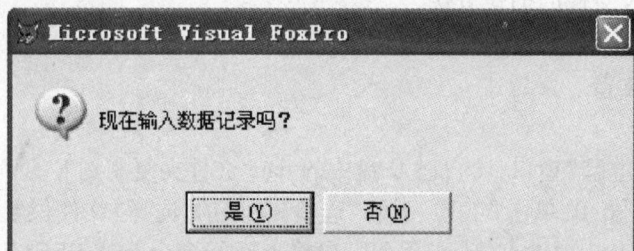

图 2-3-2　选择是否立即输入数据

图 2-3-3　kc 表记录内容

（二）用 SQL 的相关命令建立、修改表文件的结构、输入记录

1. 创建学生基本情况表 xs. dbf,并进行修改,最后表结构见表 2-3-2。

表 2-3-2　xs 表字段

字段名	类型及宽度	字段含义
xh	C/10	学号
xm	C/6	姓名
xb	C/2	性别
csrq	D	出生日期

字段名	类型及宽度	字段含义
jg	C/14	籍贯
rxcj	N/3	入学成绩
hf	L	婚否

在"命令"窗口中,分别输入并运行以下命令,观察结果。

(1) CREATE TABLE xs(xh C(10),xm C(6),xb C(2),zydh C(2),jg C(14),rxcj;
    N(5,1),hf L)

(2) DISPLAY STRUCTURE   && 观察显示的 xs 表的结构

(3) ALTER TABLE xs DROP zydh   && 删除 zydh 字段

(4) DISPLAY STRUCTURE   && 观察显示的 xs 表的结构

(5) ALTER TABLE xs ADD rq D ALTER rxcj N(3)   && 添加 rq 字段,修改 rxcj 宽度

(6) DISPLAY STRUCTURE   && 观察显示的 xs 表的结构

(7) ALTER TABLE xs RENAME rq TO csrq   && 把 rq 字段名改为 csrq

(8) DISPLAY STRUCTURE   && 观察显示的 xs 表的结构

(9) MODIFY STRUCTURE   && 将表结构修改为表 2-3-2 所示

2. 给 xs 表添加如图 2-3-4 所示的记录内容。

记录号	XH	XM	XB	CSRQ	JG	RXCJ	HF
1	2012010101	王鹏	男	06/04/1993	上海	350	.F.
2	2012010102	高天祥	男	01/01/1988		329	.T.
3	2012010201	张梅	女	03/14/1993	江苏南京	360	.F.

图2-3-4　xs 表记录内容

在"命令"窗口中,分别输入并运行以下命令,观察结果。

(1) INSERT INTO xs VALUES ('2012010101','王鹏',;
    '男',{^1993/06/04},'上海',350,.F.)

(2) DISPLAY ALL   && 观察显示的 xs 表的记录内容

(3) INSERT INTO xs (xh,xm,xb,csrq,rxcj,hf) VALUES ('2012010102',;
    '高天祥','男',{^1988/01/01},329,.T.)

(4) DISPLAY ALL   && 观察显示的 xs 表的记录内容

(5) INSERT INTO xs VALUES ('2012010201','张梅',;
    '女',{^1993/03/14},'江苏南京',360,.F.)

(6) DISPLAY ALL   && 观察显示的 xs 表的记录内容

(三) 用项目管理器建立、修改表文件的结构、浏览记录

1. 创建项目文件

(1) 在"文件"菜单下单击"新建"项。

(2) 选择"项目"选项,单击"新建文件",输入项目文件名 xkxt,单击"保存"按钮进入如图 2-3-5 所示的项目管理器,同时在 E:\data 中生成 xkxt. pjx 和 xkxt. pjt 两个项目文件。

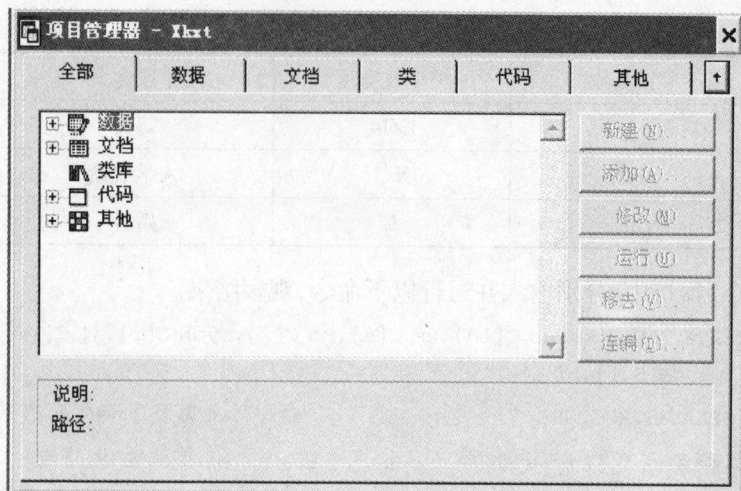

图 2-3-5　项目管理器

2. 在项目中创建表并输入记录内容

根据表 2-3-3，通过表设计器创建 cj.DBF(成绩表)，并输入记录内容。

表 2-3-3　cj 表字段

字段名	类型及宽度	字段含义
xh	C/10	学号
kch	C/3	课程号
cj	N/3	成绩

(1) 在项目管理器中单击"数据"页面，单击"自由表"，再单击右边"新建"按钮，在对话框中单击"新建表"，进入创建窗口，在"输入表名"右边文本框中输入:cj，单击"保存"按钮，进入表设计器，输入字段信息后如图 2-3-6 所示。

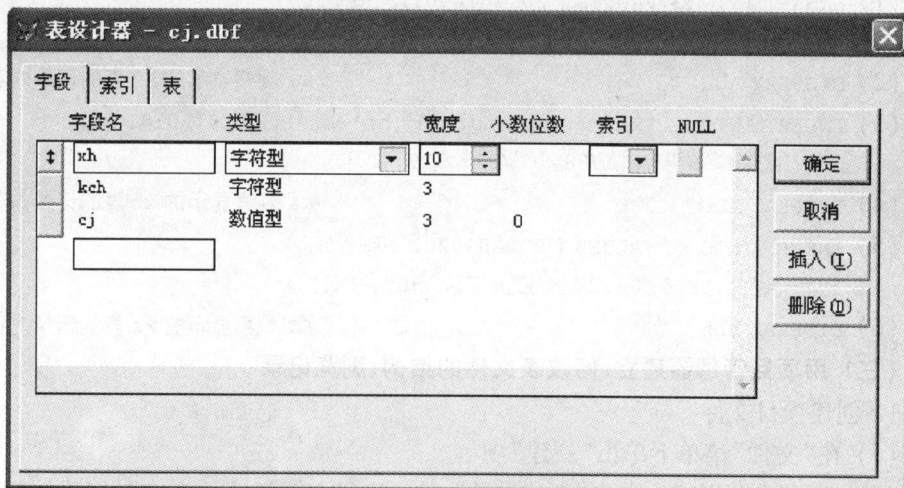

图 2-3-6　cj 表设计器

（2）单击"确定"按钮出现提示窗口,单击"否(N)"不立即输入数据记录,完成表结构的设计。

（3）在项目管理器中单击"自由表"左边加号,单击"cj"文件名,再单击右边"浏览"按钮,打开浏览窗口,单击"显示"菜单下的"追加方式",可以添加多条记录。记录内容如图 2-3-7 所示。

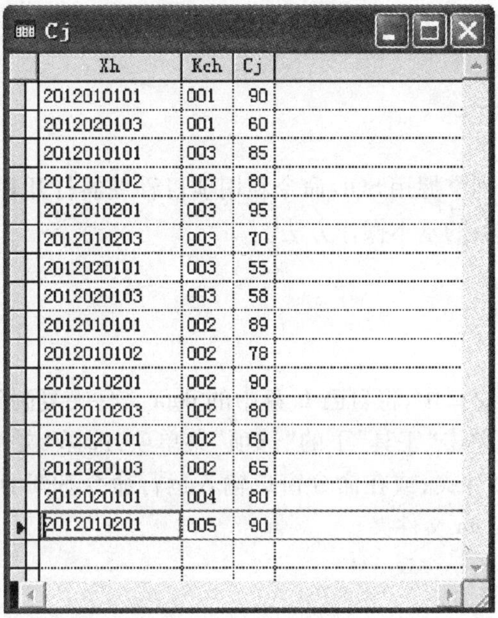

Xh	Kch	Cj
2012010101	001	90
2012020103	001	60
2012010101	003	85
2012010102	003	80
2012010201	003	95
2012010203	003	70
2012020101	003	55
2012020103	003	58
2012010101	002	89
2012010102	002	78
2012010201	002	90
2012010203	002	80
2012020101	002	60
2012020103	002	65
2012020101	004	80
2012010201	005	90

图 2-3-7　cj 表记录

（四）退出 VFP

在"我的电脑"窗口中,将 E 盘下的 data 文件夹复制到自己的 U 盘中。

实验四　表中记录的修改和项目管理器的操作

一、实验目的

通过本次实验,分别掌握用 SQL 命令和用项目管理器打开表浏览窗口编辑表的记录内容;掌握项目管理器的基本操作方法。

二、实验准备

1. 在"我的电脑"窗口中,将自己 U 盘中的 data 文件夹复制到 E 盘。

2. 运行 VFP 6.0,单击"工具"下的"选项"菜单项,选择"文件位置"页面,修改"默认目录"为 E 盘 data 文件夹;或在命令窗口输入运行命令 SET DEFAULT TO E:\data,设置默认路径为 E 盘 data 文件夹。

三、实验内容

(一) 用 SQL 的相关命令来修改记录和删除记录

1. 按以下步骤修改 xs 表结构,增加一个字段 csnf(出生年份),整型。csnf 的值为 csrq 字段值中的年份。

在"命令"窗口中,分别输入并运行以下命令,观察结果。

(1) ALTER TABLE xs ADD csnf I

(2) UPDATE xs SET csnf = YEAR(csrq)

(3) DISPLAY ALL　　　　　　　　　　　　　&& 观察显示的 xs 表的记录内容

2. 按以下步骤修改 xs 表记录的 rxcj,把 xh 中第 7,8 两位为′01′的学生的入学成绩加 1 分。

在"命令"窗口中,分别输入并运行以下命令,观察结果。

(1) UPDATE xs SET rxcj = rxcj + 1 WHERE SUBSTR(XH,7,2) = ′01′

(2) DISPLAY ALL　　　　　　　　　　　　　&& 观察显示的 xs 表的记录内容

3. 按以下步骤修改 xs 表记录内容,给 csnf 为 1993 的记录加删除标记。

在"命令"窗口中,分别输入并运行以下命令,观察结果。

(1) DELETE FROM xs WHERE csnf = 1993

(2) DISPLAY ALL　　&& 观察显示的 xs 表的记录内容

（二）用 VFP 相关命令修改和删除记录

1. 按以下步骤修改 xs 表结构，删除 csnf 字段；允许 hf 字段接受空值；增加 bz（备注）字段和 zp（照片），类型分别为 M（备注型）和 G（通用型）。

在"命令"窗口中，输入并运行以下命令，观察结果。

（1）CLOSE ALL

（2）USE xs   && 打开 xs 表

（3）MODIFY STRUCTURE   && 修改表结构，修改后部分结果如图 2-4-1 所示

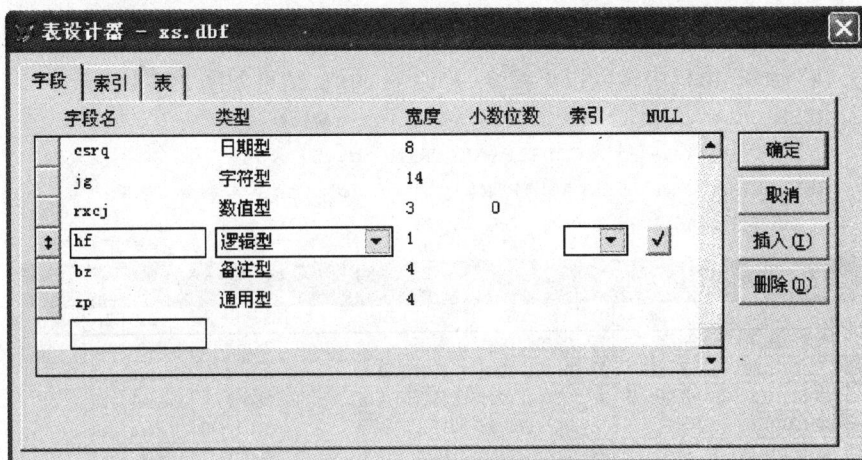

图 2-4-1 xs 表部分结构

2. 编辑 xs 表记录内容。

（1）在"命令"窗口中，输入 BROWSE 并运行，打开浏览窗口，完成以下功能。

（2）输入第二条记录的籍贯为：江苏南通。

（3）双击第一条记录 bz 字段里的 memo，打开输入窗口，输入该同学的备注信息：班长，关闭窗口。

（4）双击第一条记录 zp 字段里的 gen，打开输入窗口，单击"编辑"菜单下的"插入对象"项，对话框提供两种选择：一是选择"新建"后，在"对象类型"下面双击"画笔图片"，打开画笔软件，绘制照片后，单击 zp 窗口空白处。如需修改，可双击绘好的图画继续修改；二是选择"由文件创建"后，单击"浏览"按钮，选择该同学的照片文件（需要先将照片文件复制到 E 盘 data 文件夹下），关闭 zp 窗口。

（5）单击第一条和第三条左边的黑方块，取消删除标记（再次单击，可以添加删除标记）。

（6）单击"显示"菜单下的"追加方式"，可以添加多条记录。添加一条记录，并使用 CTRL＋0 在 hf 字段输入空值。添加相关记录，注意 D 型字段的输入，如果当前日期格式是美语格式，输入顺序为：月日年。L 型字段输入时可以输入 T 或者 Y 代表真，F 或者 N 代表假。记录内容如图 2-4-2 所示。

图2-4-2 xs表记录内容(1)

（7）在“命令”窗口中输入以下命令，修改jg的值，结果如图2-4-3所示。

```
REPLACE ALL FOR LEN(ALLTRIM(jg)) > 4 jg with;
    LEFT(jg,4) + '省' + SUBSTR(ALLTRIM(jg),5) + '市'
REPLACE ALL FOR LEN(ALLTRIM(jg)) = 4 jg with;
    LEFT(jg,4) + '市'
```

图2-4-3 xs表记录内容(2)

（8）在“命令”窗口中，输入以下命令，以添加空白记录、添加删除标记、去除删除标记和物理删除记录。

```
APPEND BLANK
REPLACE xh with '2012020102',xm with '林一峰',hf with .F.
BROWSE
```

在“浏览”窗口中输入相关记录内容，结果如图2-4-4所示。

图2-4-4 xs表记录内容(3)

(9) 继续在"命令"窗口输入命令：

GO 3

DELETE REST FOR rxcj<350 && 第4,6,8条记录添加删除标记,如图2-4-5

Xh	Xm	Xb	Csrq	Jg	Rxcj	Hf	Bz	Zp
2012010101	王鹏	男	06/04/1993	上海市	351	F	Memo	Gen
2012010102	高天祥	男	01/01/1988	江苏省南通市	330	T	memo	gen
2012010201	张梅	女	03/14/1993	江苏省南京市	360	F	memo	gen
2012010203	李兰	女	04/11/1994	四川省成都市	310	.NULL.	memo	gen
2012020101	张江	男	11/12/1993	浙江省杭州市	400	F	memo	gen
2012020102	林一峰	男	12/01/1994	江西省南昌市	315	F	memo	gen
2012020103	任灵	女	09/08/1993	北京市	352	F	memo	gen
2012020104	朱媛媛	女	03/01/1994	江苏省张家港市	326	F	memo	gen

图2-4-5 xs表记录内容(4)

(10) 继续在"命令"窗口输入命令：

GO 4

RECALL NEXT 2 && 结果如图2-4-6所示

Xh	Xm	Xb	Csrq	Jg	Rxcj	Hf	Bz	Zp
2012010101	王鹏	男	06/04/1993	上海市	351	F	Memo	Gen
2012010102	高天祥	男	01/01/1988	江苏省南通市	330	T	memo	gen
2012010201	张梅	女	03/14/1993	江苏省南京市	360	F	memo	gen
2012010203	李兰	女	04/11/1994	四川省成都市	310	.NULL.	memo	gen
2012020101	张江	男	11/12/1993	浙江省杭州市	400	F	memo	gen
2012020102	林一峰	男	12/01/1994	江西省南昌市	315	F	memo	gen
2012020103	任灵	女	09/08/1993	北京市	352	F	memo	gen
2012020104	朱媛媛	女	03/01/1994	江苏省张家港市	326	F	memo	gen

图2-4-6 xs表记录内容(5)

(11) 继续在"命令"窗口输入命令：

PACK

BROWSE

在"浏览"窗口中修改第4条记录的hf的值为.F.,结果如图2-4-7所示。

Xh	Xm	Xb	Csrq	Jg	Rxcj	Hf	Bz	Zp
2012010101	王鹏	男	06/04/1993	上海市	351	F	Memo	Gen
2012010102	高天祥	男	01/01/1988	江苏省南通市	330	T	memo	gen
2012010201	张梅	女	03/14/1993	江苏省南京市	360	F	memo	gen
2012010203	李兰	女	04/11/1994	四川省成都市	310	F	memo	gen
2012020101	张江	男	11/12/1993	浙江省杭州市	400	F	memo	gen
2012020103	任灵	女	09/08/1993	北京市	352	F	memo	gen

图2-4-7 xs表记录内容(6)

（12）关闭浏览窗口。

（三）项目管理器的使用

1. 单击"文件"菜单下的"打开"项,打开项目文件 xkxt。

2. 单击"自由表",单击右边"添加"按钮,将 xs 表和 kc 表加入该项目。

3. 右击"kc"文件名,单击菜单里的"包含",设置为包含状态,再右击"kc"文件名,单击菜单里的"排除",恢复为排除状态。

4. 单击"xs"文件名,单击菜单里的"编辑说明",输入该文件说明信息:存储学生基本信息。

5. 单击系统菜单"项目"下的"项目信息",或者右击项目里任何一个文件名,单击"项目信息",可以设置该项目相关信息,如设置"邮政编码"为:212013。

6. 设置项目的主文件(该项操作可以在做完 12 个实验后,将需要的文件设置为主文件):右击项目中程序文件、菜单文件、表单文件和查询文件中的任何一个文件名,在弹出的快捷菜单中单击"设置主文件",被设置成主文件的文件名以粗体显示,一个项目只能设置一个主文件。

（四）退出 VFP

在"我的电脑"窗口中,将 E 盘下的 data 文件夹复制到自己的 U 盘中。

实验五　表的打开、关闭、定位和索引的建立

一、实验目的

通过本次实验,掌握表文件的打开、关闭,记录的定位,结构和记录的复制等操作;掌握索引的建立和使用。

二、实验准备

1. 在"我的电脑"窗口,将自己 U 盘中的 data 文件夹复制到 E 盘。

2. 运行 VFP 6.0,单击"工具"下的"选项"菜单项,选择"文件位置"页面,修改"默认目录"为 E 盘 data 文件夹;或在命令窗口输入运行命令 SET DEFAULT TO E:\data,设置默认路径为 E 盘 data 文件夹。

3. 打开 xkxt 项目文件,进入 xkxt 项目管理器。

三、实验内容

(一) 表的打开、关闭和定位

1. 在"命令"窗口中,输入并运行以下命令,观察结果。

(1) ?　SELECT ()　　　　　　　　　　&& 观察当前工作区号

(2) USE xs

(3) SELECT 2

(4) USE cj

(5) USE kc IN 0

(6) USE kc AGAIN IN 8　　　　　　　&& 在 8 号工作区,再次打开 kc 表

(7) ?　SELECT()　　　　　　　　　　&& 观察当前工作区号

(8) ?　ALIAS(1),ALIAS(2),ALIAS(3),ALIAS(8)　　&& 观察各工作区表的别名

(9) ?　USED(3),USED('xs')　,　　　　&& 观察 3 号工作区是否有别名为 xs 的表打开

(10) LIST RECORD 5

(11) GO 2

(12) LIST NEXT 3

(13) GO 5

（14）LIST REST

（15）DISPLAY ALL

（16）DISPLAY ALL FOR SUBSTR(xh,5,4)="0201"

（17）LIST ALL FOR cj<60

（18）SELECT xs

（19）? BOF(),EOF(),RECNO()

（20）SKIP

（21）? BOF(),EOF(),RECNO()

（22）GO TOP

（23）? BOF(),EOF(),RECNO()

（24）SKIP -1

（25）? BOF(),EOF(),RECNO()

（26）GO BOTTOM

（27）SKIP

（28）? BOF(),EOF(),RECNO()

（29）GO 3

（30）GO 20

（31）? RECNO()

（32）SKIP -20

（33）? RECNO()

（34）SKIP 30

（35）? RECNO()

（36）SELECT cj

（37）GO 1

（38）LOCATE FOR cj=90

（39）DISPLAY

（40）CONTINUE

（41）DISPLAY

（42）CONTINUE

（43）DISPLAY

（44）CONTINUE

（45）? EOF(),RECNO()

（46）GO 1

（47）LOCATE NEXT 3 FOR cj=90

（48）CONTINUE

（49）? RECNO()

（50）COPY TO cj1 STRUCTURE   && 将当前工作表的结构复制到 cj1.DBF 中

（51）SELECT 0   &&选择未使用的最小工作区为当前工作区

（52）USE cj1

（53）APPEND FROM cj

（54）BROWSE

（55）SELECT xs

（56）COPY TO xs1 FOR YEAR(csrq)<1993

（57）SELECT 0

（58）USE xs1

（59）BROWSE

（60）CLOSE ALL

（二）索引的创建

1. 按以下步骤,在 xs. DBF 表中分别创建名为 xh,csrq 和 rxcj 的候选索引、普通索引、普通索引,分别要求按 xh 字段、csrq 字段和 rxcj 字段排序。rxcj 索引还要求只对rxcj大于等于 350 分的进行降序排序。

（1）在项目管理器中单击"xs"表文件名,单击"修改"按钮,打开表设计器。

（2）单击"索引"页面,根据要求创建索引,结果如图 2-5-1 所示。

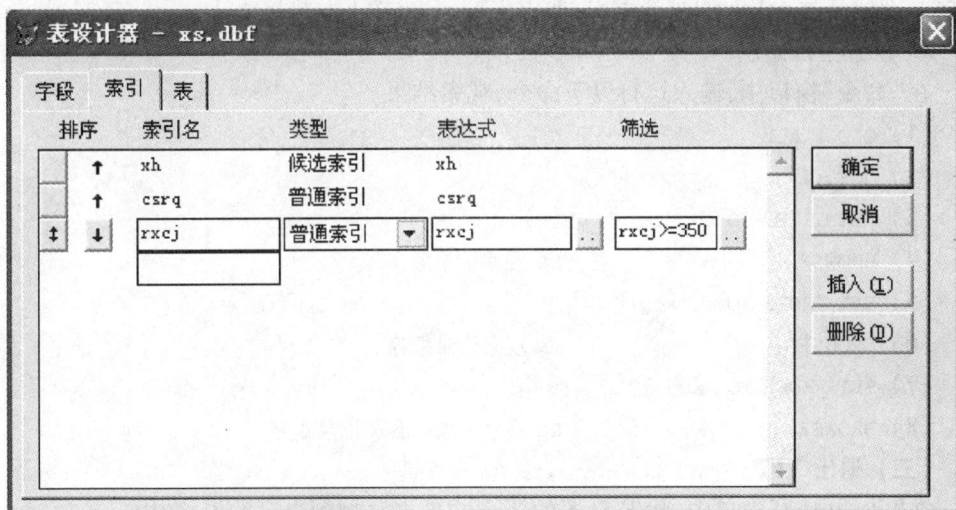

图 2-5-1　xs 表索引(1)

2. 按以下步骤,在表 xs. DBF 中分别创建名为 xbrxcj 和 xbcsrq 的普通索引,要求分别先按性别排序,再按 rxcj 和 csrq 进行升序排序。

（1）在 xs 表的表设计器的"索引"页面,按要求创建索引。

（2）xbrxcj 索引的关键字表达式为:xb＋STR(rxcj,3)

（3）xbcsrq 索引的关键字表达式为:xb＋DTOC(csrq,1)

（4）索引创建结果如图 2-5-2 所示。

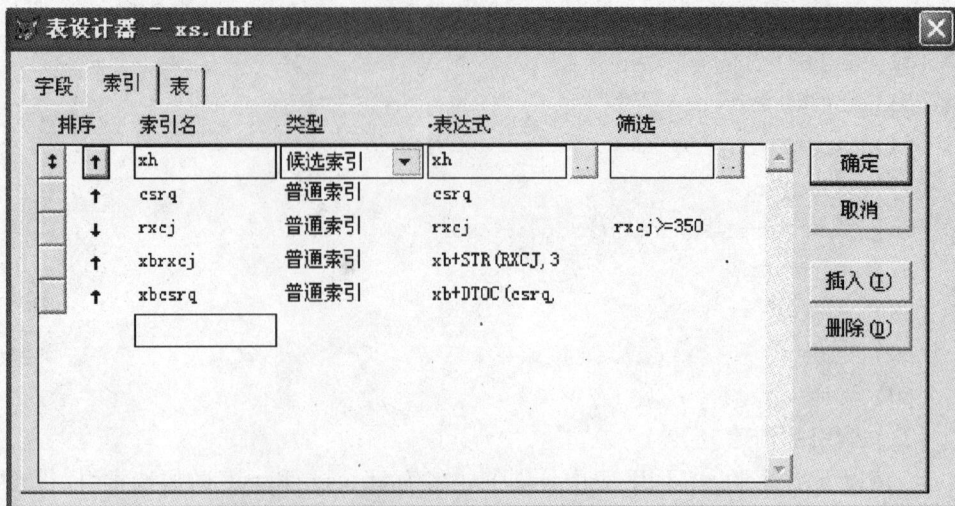

図2-5-2 xs表索引（2）

3. 在 kc 表中，创建名为 kch 的候选索引，要求按 kch 字段排序。

4. 在 cj 表中，分别创建名为 xh 和 kch 的普通索引，要求分别按 xh 字段和 kch 字段排序。创建名为 xhkch 的候选索引，要求先按 xh 再按 kch 排序。

5. 设置主控索引。

在"命令"窗口中，输入运行以下命令，观察结果。

（1）CLOSE ALL

（2）USE xs

（3）SET ORDER TO xbcsrq

（4）BROWSE   && 观察记录顺序

（5）SET ORDER TO xbrxcj

（6）BROWSE   && 观察记录顺序

（7）SET ORDER TO rxcj

（8）BROWSE   && 观察记录内容和记录顺序

（三）退出 VFP

在"我的电脑"窗口中，将 E 盘下的 data 文件夹复制到自己的 U 盘中。

实验六　数据库及库表的基本操作

一、实验目的

通过本次实验,掌握数据库的创建、数据库表的扩展属性的使用;掌握参照完整性的设置。

二、实验准备

1. 在"我的电脑"窗口中,将自己 U 盘中的 data 文件夹复制到 E 盘。

2. 运行 VFP 6.0,单击"工具"下"选项"菜单项,选择"文件位置"页面,修改"默认目录"为 E 盘 data 文件夹;或在命令窗口输入运行命令 SET DEFAULT TO E:\data,设置默认路径为 E 盘 data 文件夹。

3. 打开 xkxt 项目文件,进入 xkxt 项目管理器。

三、实验内容

(一) 创建、打开、关闭、添加和移去数据库

1. 利用命令创建、打开和关闭数据库

在"命令"窗口中,输入并运行以下命令,观察结果。

(1) CLOSE ALL

(2) CREATE DATABASE test1

(3) CREATE DATABASE test2

(4) ? DBC()　　　　　&& 观察当前工作数据库为 test2

(5) SET DATABASE TO test1

(6) ? DBC()　　　　　&& 观察当前工作数据库为 test1

(7) CLOSE DATABASE　　&& 关闭当前数据库

(8) OPEN DATABASE test1

(9) CLOSE DATABASE ALL　　&& 关闭所有打开的数据库

2. 利用项目管理器创建、添加和移去数据库

(1) 在 xkxt 项目管理器中选择"数据"页面下的"数据库",单击"新建"按钮,在出现的"新建数据库"对话框中选择"新建数据库"。

（2）输入数据库文件名 xk，单击"保存"按钮完成数据库的创建。VFP 主窗口中将显示"数据库设计器"窗口，此时数据库新建成功并被自动打开成为当前数据库。单击"关闭"按钮关闭数据库设计器。

（3）在项目管理器中选择"数据"页面下的"数据库"，单击"添加"按钮，在出现的对话框中选择 test1 数据库文件。添加后结果如图 2-6-1 所示。

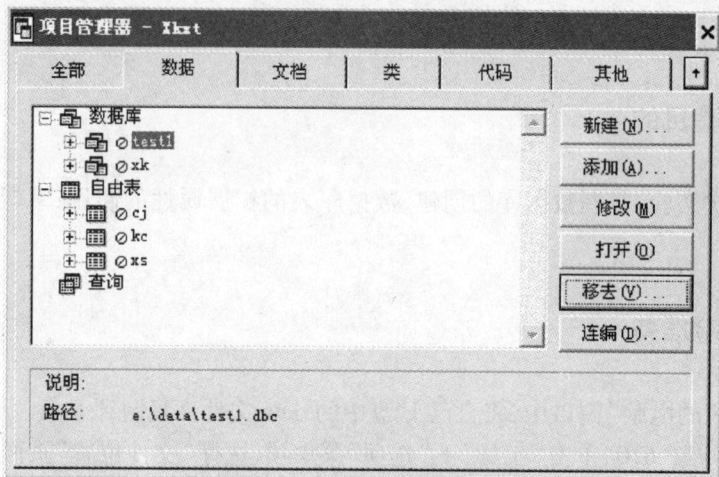

图 2-6-1　xkxt 项目管理器(1)

（4）在项目管理器中单击 test1 文件名，单击"移去"按钮，可以将该数据库文件移出该项目。注意移去的同时可以选择是否删除该数据库文件。

（二）添加数据库表

1. 在 xkxt 项目管理器中单击"数据"页面下的"数据库"下的 xk 文件名前的加号，展开 xk 数据库，单击下面的"表"，分三次单击"添加"按钮，将 xs 表、kc 表和 cj 表添加到该数据库下，结果如图 2-6-2 所示。

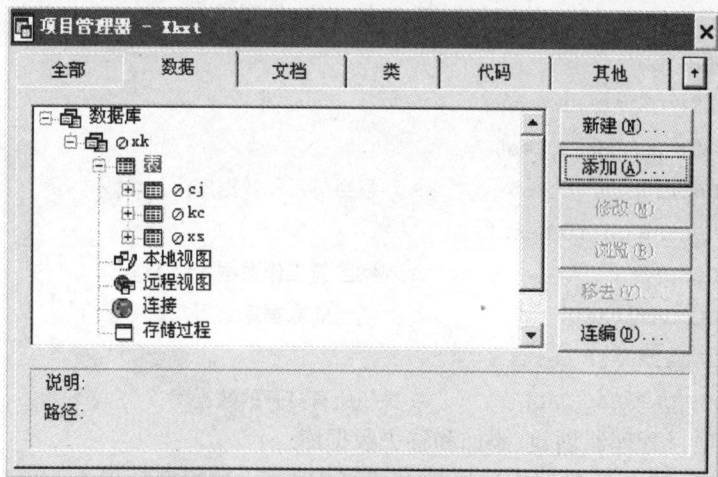

图 2-6-2　xkxt 项目管理器(2)

2. 单击 xs 文件名,单击"修改"按钮打开表设计器,修改索引 xh 的类型为主索引。用相同的方法修改 kc 表的索引 kch 的类型为主索引。

（三）数据库表的字段属性和表属性的基本设置

1. 设置字段的扩展属性

在 xkxt 项目管理器中单击 xk 数据库下面的 xs 表,单击"修改"按钮打开表设计器,如图 2-6-3 所示。

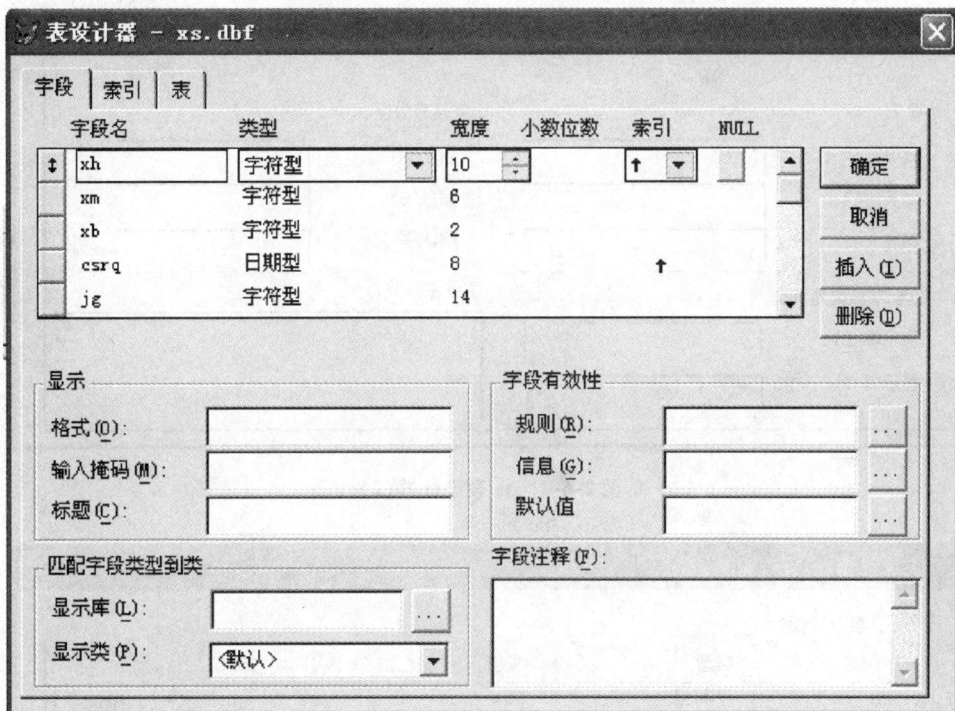

图 2-6-3 xs 表设计器(1)

（1）单击 jg 字段行,在"格式"后面输入:T,设置 jg 字段的显示格式为删除字段前导空格,结果如图 2-6-4 所示。

（2）单击 xh 字段行,在"输入掩码"后面输入:9999999999,添加修改记录时在 xh 字段只能输入数字字符。在"标题"后面输入:学号,设置浏览窗口字段标题。结果如图 2-6-5 所示。

（3）单击 xb 字段行,在"规则"后面输入:xb = '男' OR xb = '女',在"信息"后面输入字符串:"性别必须为男或女",在"默认值"后面输入字符串:"男"。

（4）单击 xb 字段行,在"显示类"后面的下拉列表框中选择"OptionGroup",设置 xb 字段的显示类为选项按钮组,如图 2-6-6 所示。

（5）单击 bz 字段行,在"字段注释"下面输入信息:备注包括任职情况和奖惩情况等,如图 2-6-7 所示。

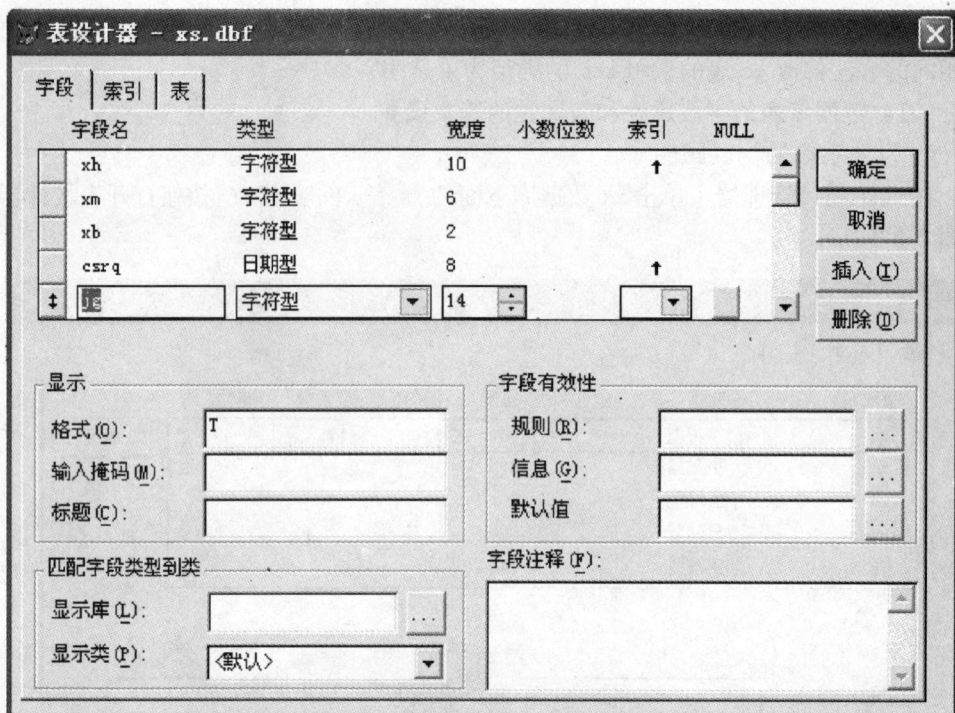

图 2-6-4　xs 表设计器(2)

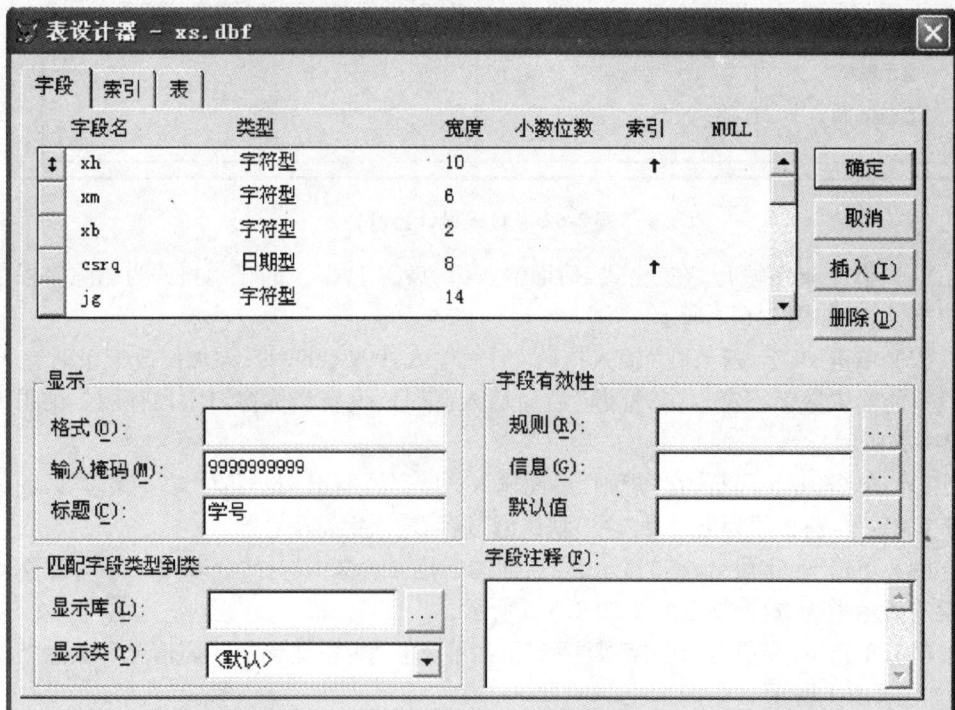

图 2-6-5　xs 表设计器(3)

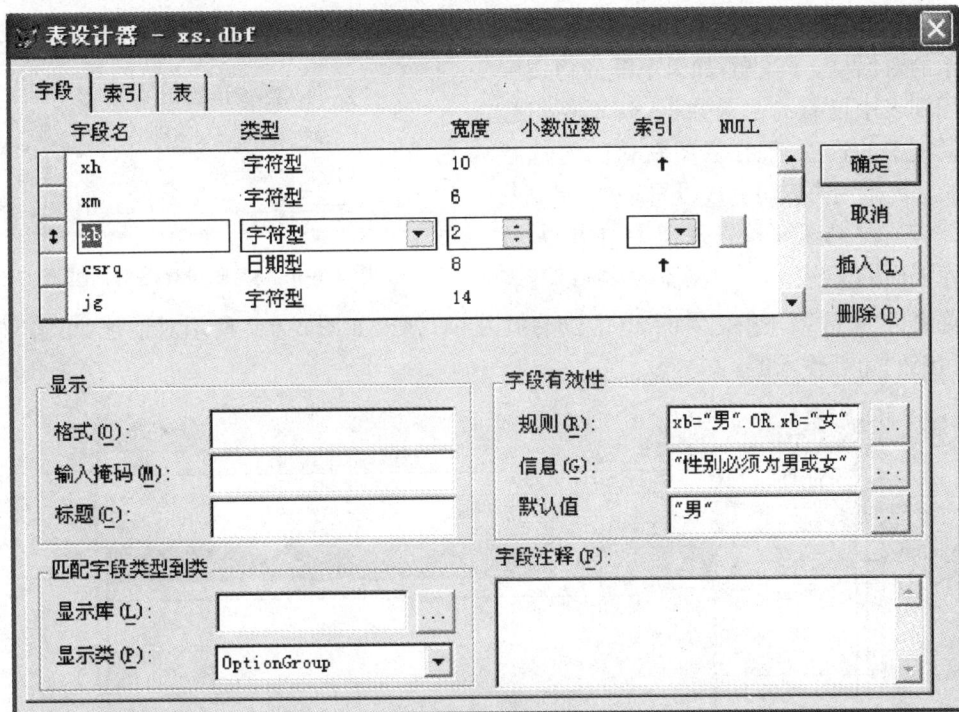

图 2-6-6　xs 表设计器(4)

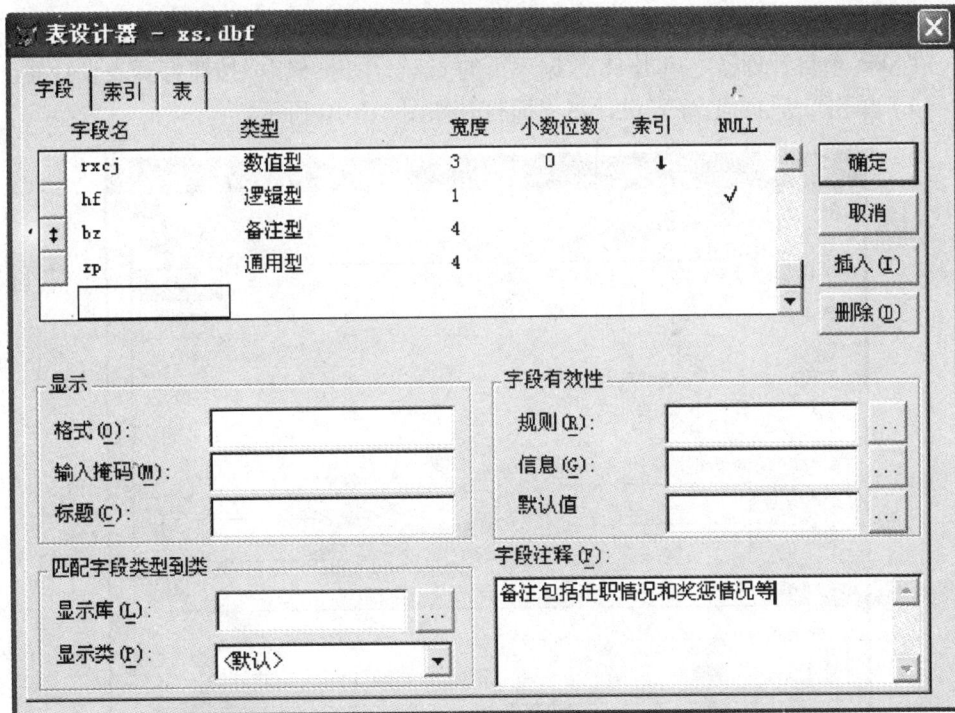

图 2-6-7　xs 表设计器(5)

（6）单击"确定"按钮，出现如图2-6-8所示的对话框。（注意：如果不需要将设置应用到表中已有的记录数据，就不要勾选对话框中的选项，现在保留默认的勾选状态）。单击"是"按钮完成设置。

（7）在xkxt项目管理器中单击xk数据库下面的xs表，单击"浏览"按钮打开表浏览窗口，修改第一条记录的xb字段的值为na，弹出如图2-6-9所示对话框，单击"确定"按钮，重新输入值。

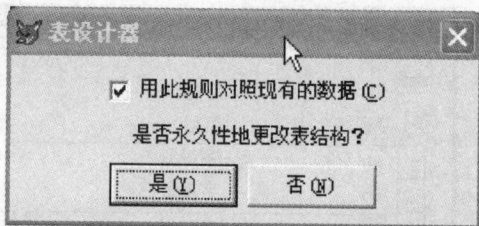

图2-6-8　XS表设计器对话框

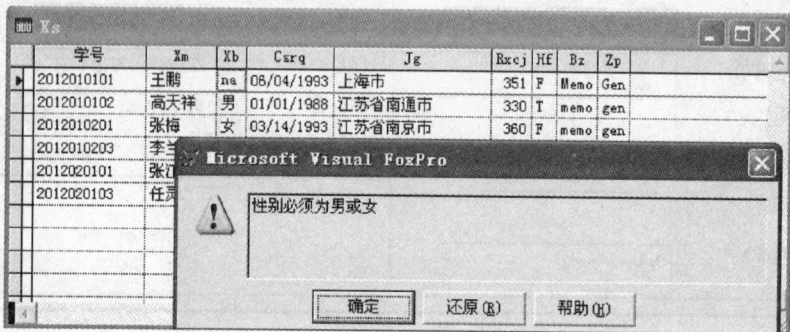

图2-6-9　检查字段有效性规则

2. 设置数据库表属性

在xkxt项目管理器中单击xk数据库下的cj表，单击"修改"按钮打开表设计器。

（1）单击"表"页面，cj表设计器界面打开如图2-6-10所示。

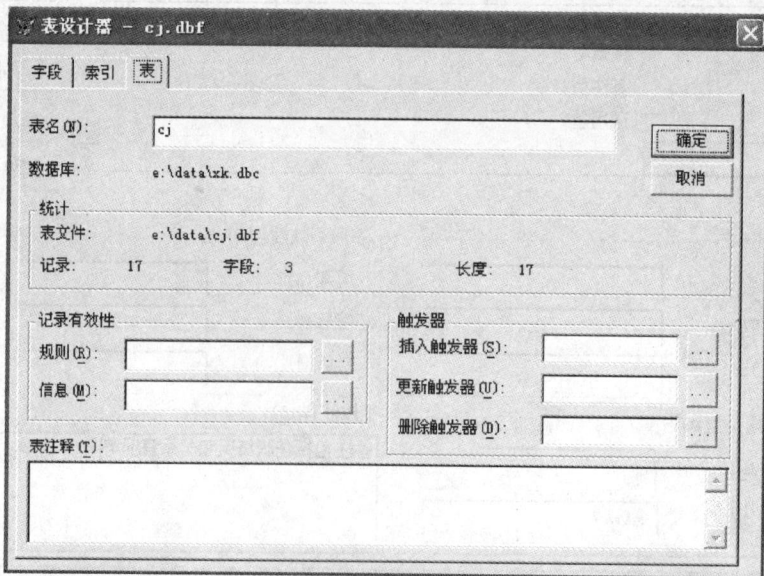

图2-6-10　cj表设计器（1）

（2）"表名"后面是默认的长表名，与表名相同，也可以重新输入一个长表名。比如中文表名。长表名可以包含 128 个字符，便于管理。

（3）在"规则"后面输入：cj > 0 AND cj <= 100，在"信息"后面输入字符串：'成绩必须在 0 到 100 之间'。

（4）在"删除触发器"后面输入：EMPTY(cj)，设置只有成绩为空白的记录才允许删除记录，如图 2-6-11 所示。

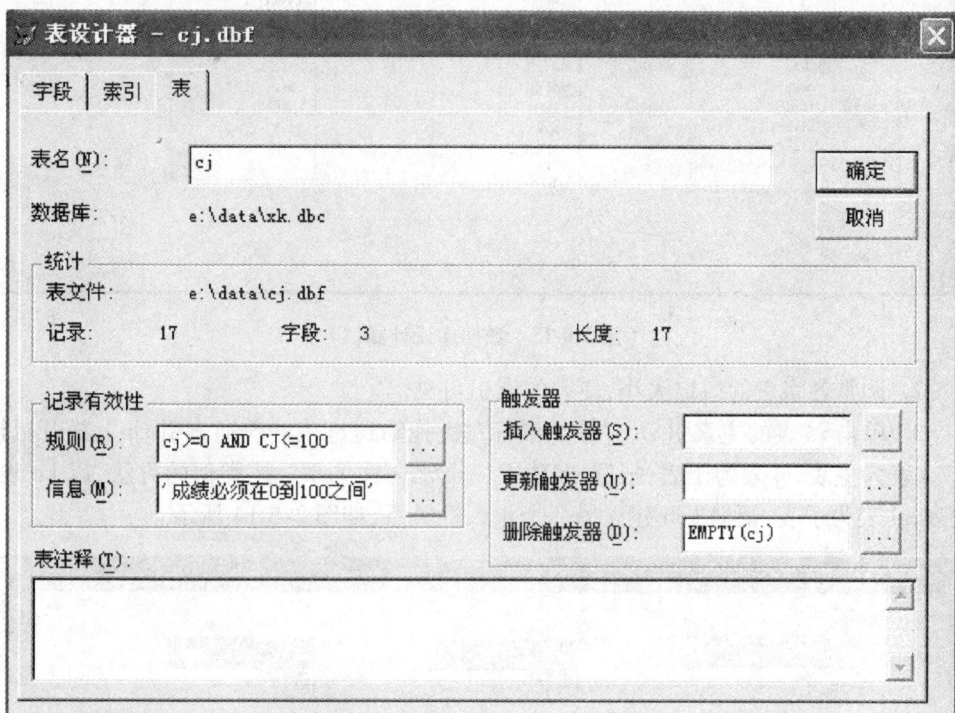

图 2-6-11　cj 表设计器(2)

（5）单击"确定"按钮完成设置。

（6）在"命令"窗口输入以下命令：

```
GO 3
DISPLAY
DELETE                                    && 弹出对话框,如图 2-6-12 所示
```

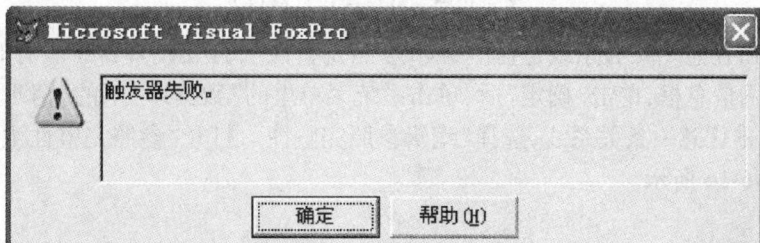

图 2-6-12　检查触发器结果

（四）数据库表的永久性关系的建立和参照完整性的设置

1. 在 xkxt 项目管理器中单击"数据"页面中"数据库"下的 xk 文件名,单击"修改"按钮,打开数据库设计器,如图 2-6-13 所示。

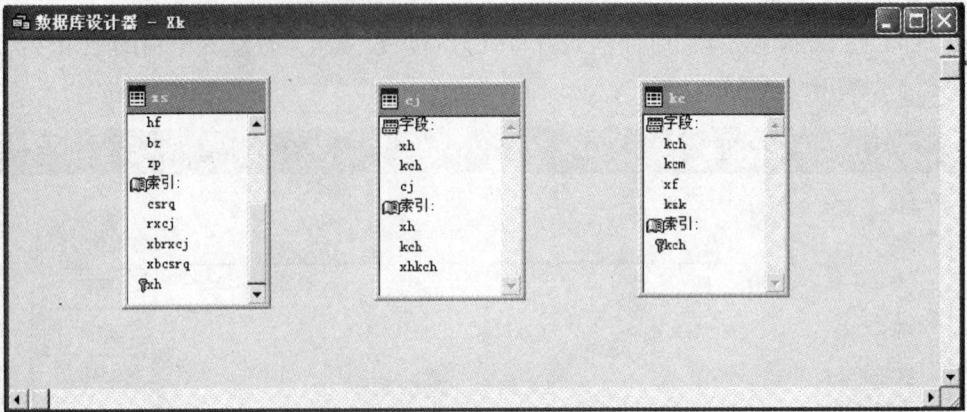

图 2-6-13　数据库设计器(1)

2. 调整各张表的窗口大小,使表的索引可见。

3. 单击 xs 表的主索引 xh 并按住鼠标左键拖动到 cj 表的普通索引 xh 上松开鼠标,以 xs 表为主表,cj 表为子表,根据 xh 建立一个永久性关系。按类似的方法,以 kc 表为主表,cj 表为子表,根据 kch 建立另一个永久性关系,如图 2-6-14 所示。

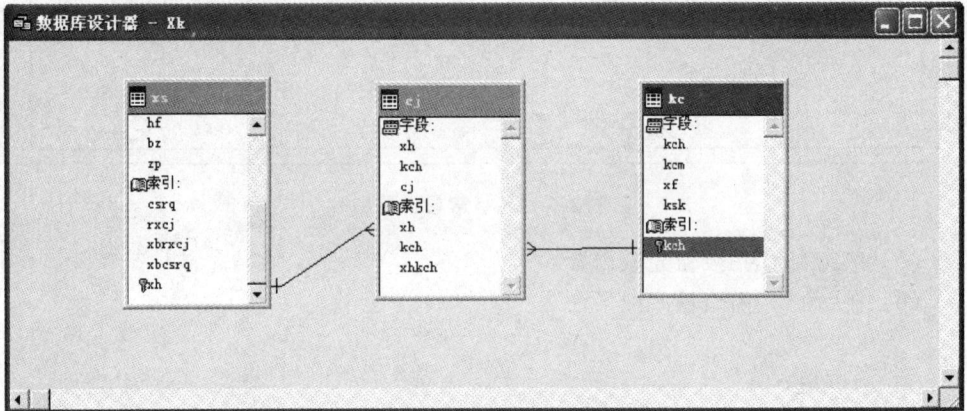

图 2-6-14　数据库设计器(2)

4. 右击任意一条关系线,选择"编辑参照完整性",打开设置窗口。有时会出现如图 2-6-15 的信息框,单击"确定"后,单击系统菜单里的"数据库"下的"清理数据库"按钮,再次右击任意一条关系线,选择"编辑参照完整性",打开"参照完整性生成器"对话框,如图 2-6-16 所示。

图 2-6-15　参照完整性生成器对话框

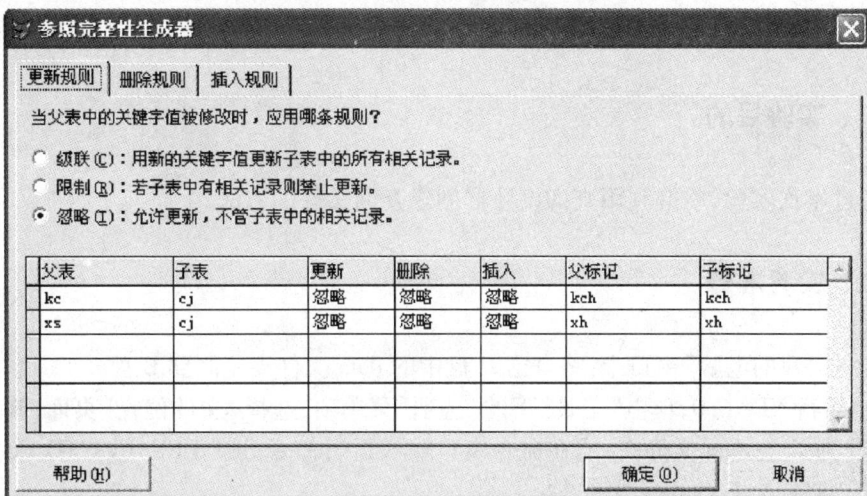

图 2-6-16　参照完整性生成器(1)

5. 设置 xs 表和 cj 表之间的参照完整性为:更新级联、插入限制,如图 2-6-17 所示。单击"确定"按钮,根据提示完成设置。

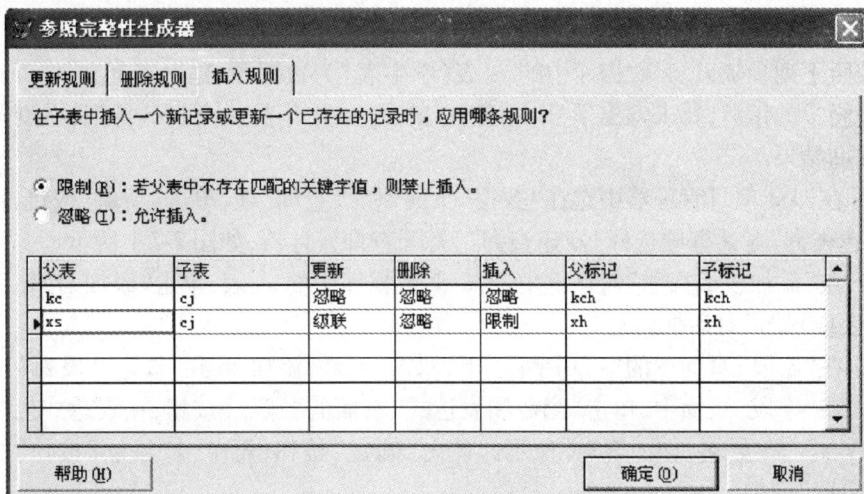

图 2-6-17　参照完整性生成器(2)

(五) 退出 VFP

在"我的电脑"窗口中,将 E 盘下的 data 文件夹复制到自己的 U 盘中。

实验七 用查询设计器设计查询

一、实验目的

通过本次实验,掌握利用查询设计器创建查询文件的方法。

二、实验准备

1. 在"我的电脑"窗口中,将自己 U 盘中的 data 文件夹复制到 E 盘。

2. 运行 VFP 6.0,单击"工具"下的"选项"菜单项,选择"文件位置"页面,修改"默认目录"为 E 盘 data 文件夹;或在命令窗口输入运行命令 SET DEFAULT TO E:\data,设置默认路径为 E 盘 data 文件夹。

3. 打开 xkxt 项目文件,进入 xkxt 项目管理器。

三、实验内容

(一) 单表简单查询

按照下列步骤以 xk 数据库中的 xs 表(学生表)为数据源,建立查询文件 nlcx,查询各位女同学的年龄,要求输出学号、姓名、年龄,结果按年龄从高到低排列,在浏览窗口显示查询结果。

1. 在 xkxt 项目管理器中选择"数据"页面下的"查询"项,单击"新建"按钮,在出现的"新建查询"对话框中选择"新建查询",打开查询设计器,如图 2-7-1 所示。

2. 在"添加表或视图"对话框中选择 xk 数据库中的 xs 表,单击"添加"按钮。关闭"添加表或视图"对话框。

3. 在"字段"页面中的"可用字段"下,双击 xs.xh,添加 xh 到"选定字段列"。

4. 在"字段"页面中,单击"函数和表达式"右面的"三点"按钮,在表达式生成器中输入:xs.xm AS 姓名,如图 2-7-2 所示。单击"确定"按钮,再单击"添加"按钮,加入到"选定字段"列中。

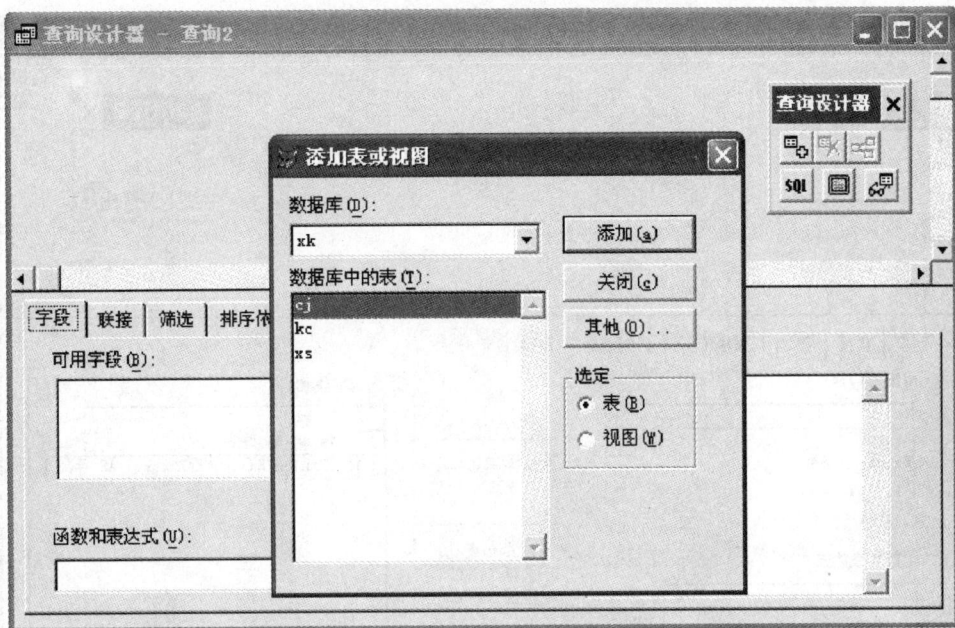

图 2-7-1　查询设计器

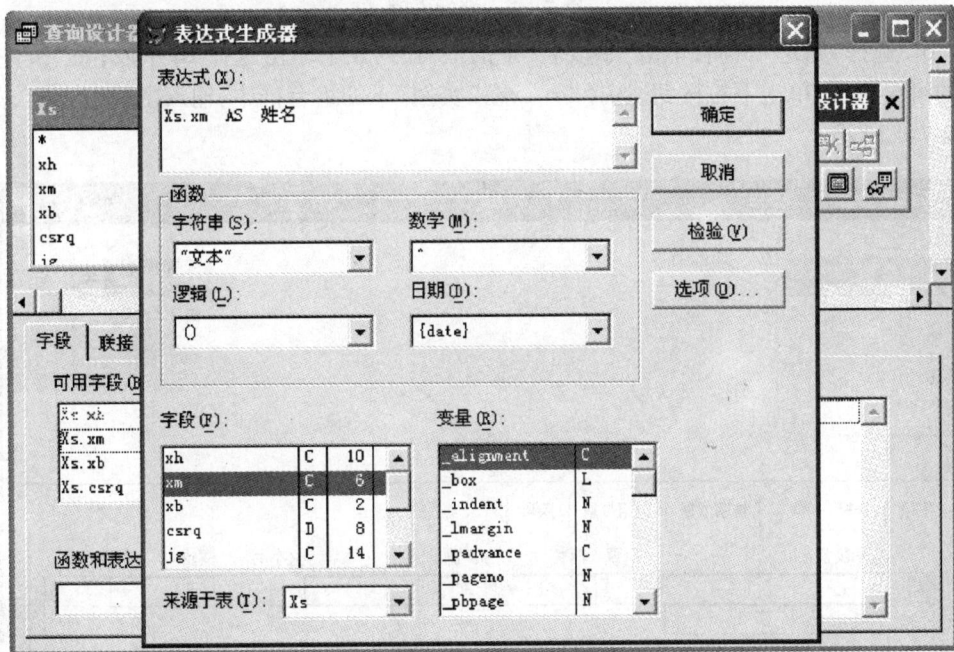

图 2-7-2　表达式生成器

　　5. 在"字段"页面中,单击"函数和表达式"右面的"三点"按钮,在表达式生成器中输入:YEAR(DATE( )) – YEAR(xs. csrq) AS 年龄,单击"确定"按钮,再单击"添加"按钮,加入到"选定字段"列中,如图 2-7-3 所示。

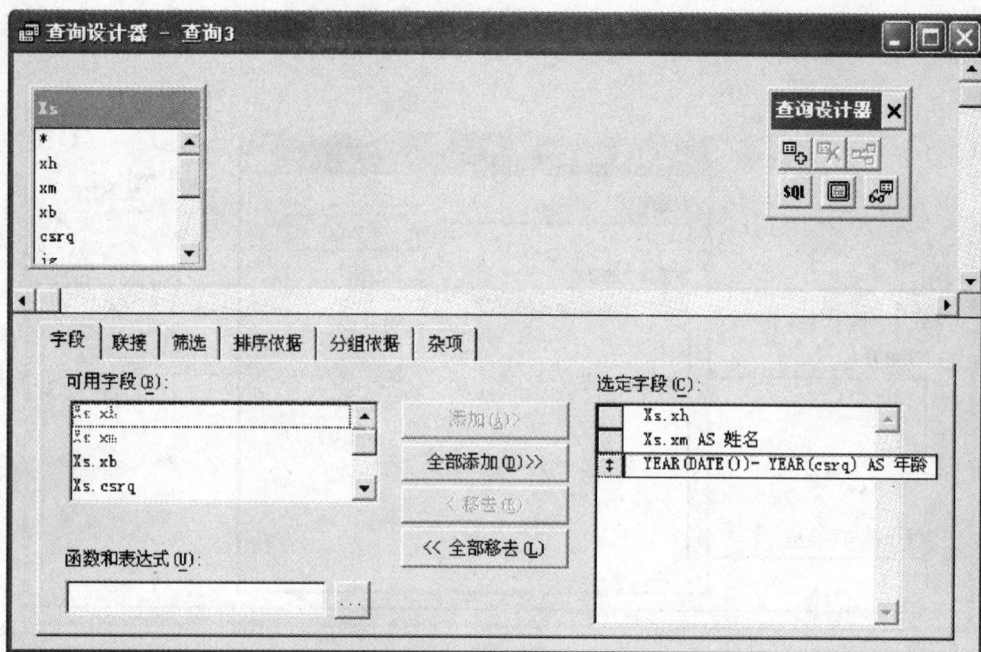

图 2-7-3 选定字段

6. 选择"筛选"页面,单击"字段名"下的框,在列表中单击选择 xb 字段;在"条件"下的组合框中,单击下拉按钮,选择"＝";在"实例"下的组合框中,输入字符串:'女',如图 2-7-4 所示。

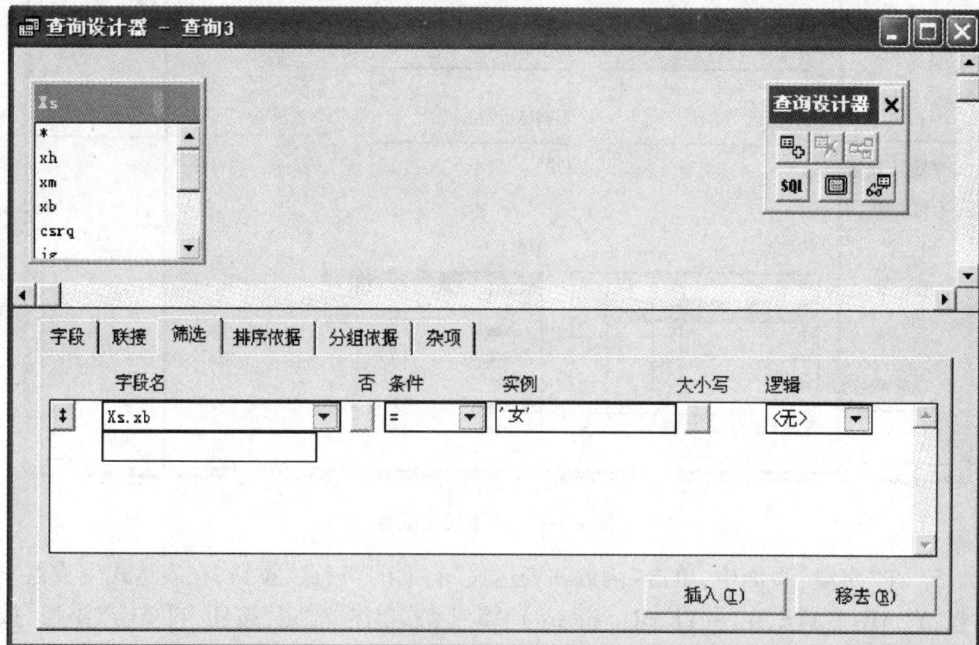

图 2-7-4 筛选条件

7. 选择"排序依据"页面,双击"选定字段"列表下的"年龄"表达式: YEAR(DATE( )) – YEAR(xs.csrq) AS 年龄,添加到"排序条件"列表框。在"排序选项"中单击"降序"按钮,如图 2-7-5 所示。

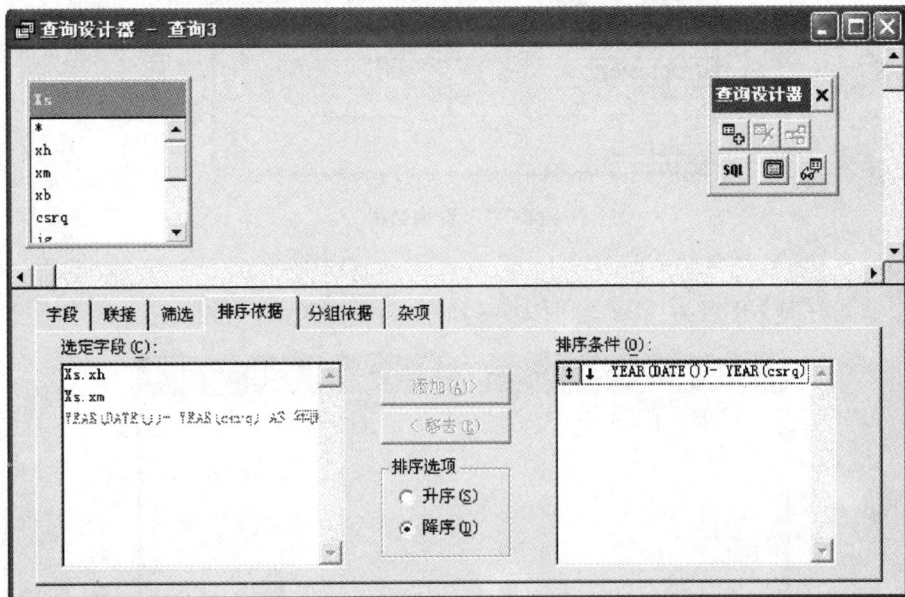

图 2-7-5　排序条件

8. 选择"查询"菜单下的"查询去向",弹出"查询去向"对话框,选择"浏览"选项,单击"确定"按钮,如图 2-7-6 所示。

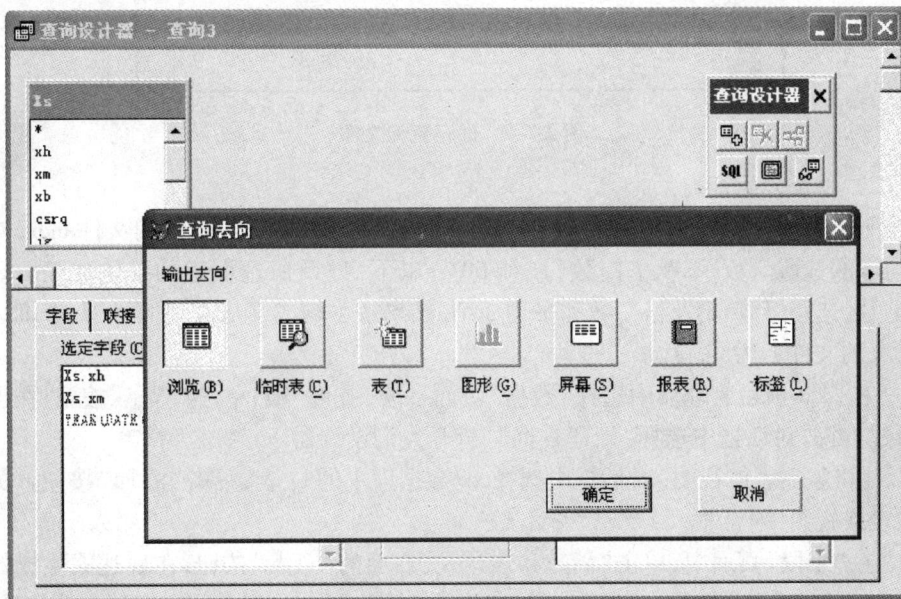

图 2-7-6　查询去向

9. 单击工具栏中的"!"按钮运行查询,查询结果如图 2-7-7 所示。

图 2-7-7　查询结果

10. 单击查询设计器的"关闭"按钮,在弹出的对话框中单击"是",在"另存为"对话框中输入查询文件名为:nlcx,如图 2-7-8 所示,再单击"保存"按钮。

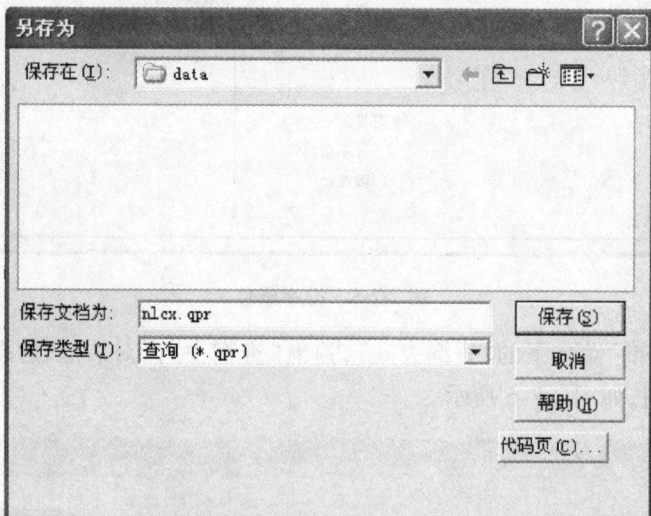

图 2-7-8　保存查询文件

(二) 单表分组查询

按照下列步骤以 xk 数据库中的 cj 表(成绩表)为数据源,建立查询文件 cjcx,查询每位同学的选课门数,不及格门数(成绩 60 分以下)以及所选课程的平均成绩。要求输出学号、选课门数、不及格门数和平均成绩,结果按平均成绩从高到低排列,查询去向为表(表的文件名为 pjcj)。

1. 在 xkxt 项目管理器中选择"数据"页面下的"查询"项,单击"新建"按钮;在出现的"新建查询"对话框中选择"新建查询",打开查询设计器。

2. 在"添加表或视图"对话框中选择 xk 数据库中的 cj 表,单击"添加"按钮。关闭"添加表或视图"对话框。

3. 在"字段"页面中,单击"函数和表达式"右面的"三点"按钮,在表达式生成器中输入:cj. xh AS 学号,单击"确定"按钮,再单击"添加",加入到"选定字段"列中,如图2-7-9 所示。

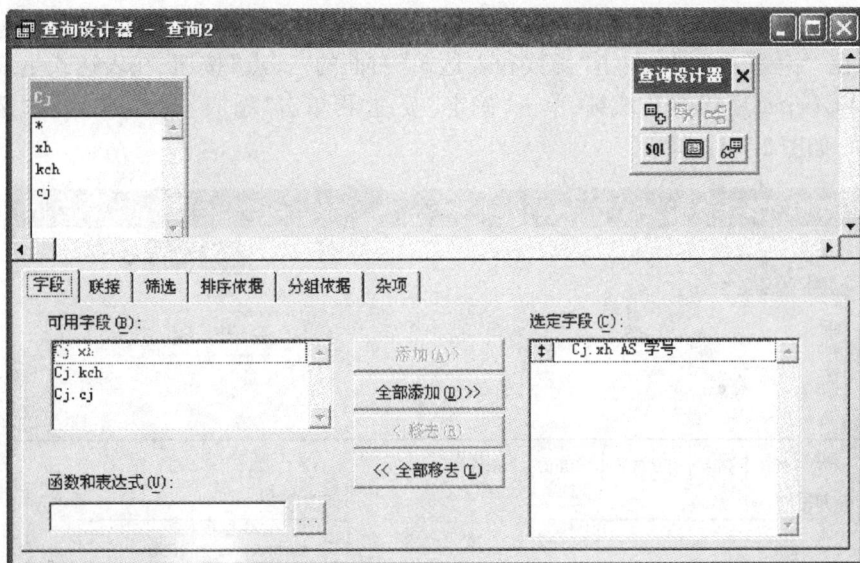

图 2-7-9 选定字段

4. 选择"分组依据"页面,双击"可用字段"列表下的"cj.xh",添加到"分组字段"列表框,如图 2-7-10 所示。

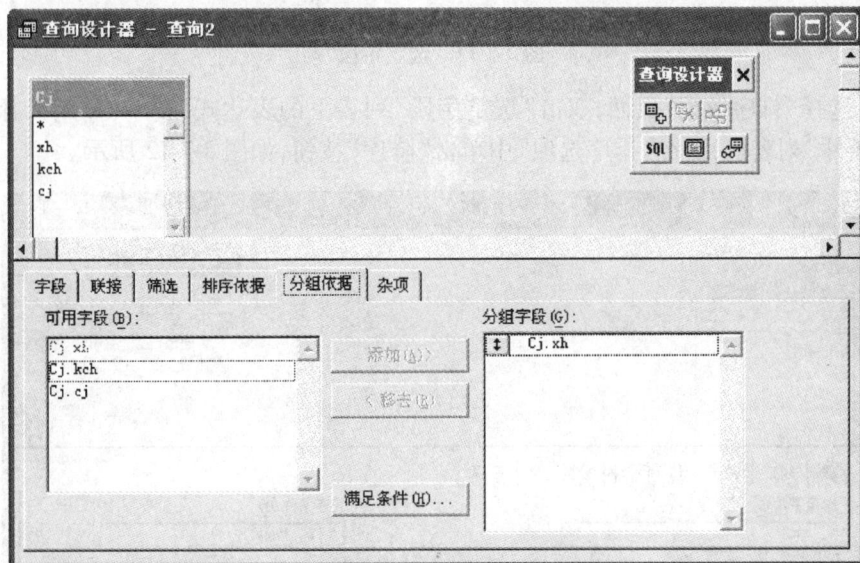

图 2-7-10 分组依据

5. 在"字段"页面中,单击"函数和表达式"右面的"三点"按钮,在表达式生成器中输入:COUNT(*) AS 选课门数,单击"确定"按钮,再单击"添加"按钮,加入到"选定字段"列中。

6. 在"字段"页面中,单击"函数和表达式"右面的"三点"按钮,在表达式生成器中输入:SUM(IIF(cj<60,1,0)) AS 不及格门数,单击"确定"按钮,再单击"添加"按钮,

加入到"选定字段"列中。

7. 在"字段"页面中，单击"函数和表达式"右面的"三点"按钮，在表达式生成器中
输入：AVG(cj. cj) AS 平均成绩，单击"确定"按钮，再单击"添加"按钮，加入到"选定字
段"列中，如图 2-7-11 所示。

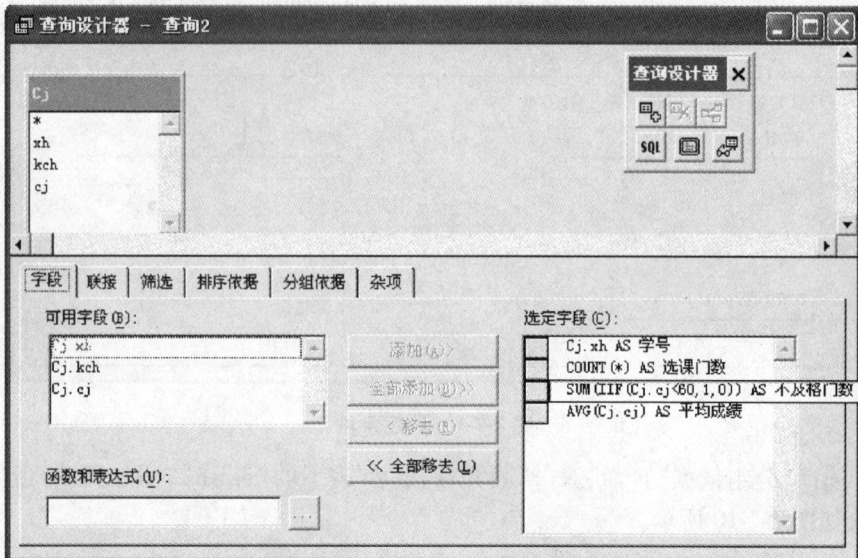

图 2-7-11　选定字段

8. 选择"排序依据"页面，双击"选定字段"列表下的表达式：AVG(cj. cj)，添加到
"排序条件"列表框，再在"排序选项"中单击"降序"按钮，如图 2-7-12 所示。

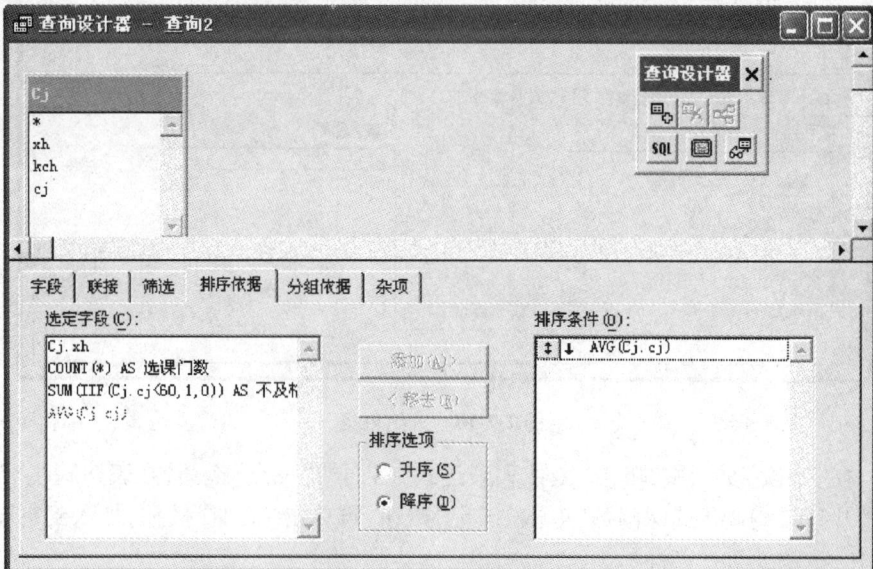

图 2-7-12　排序条件

9. 选择"查询"菜单下的"查询去向",弹出"查询去向"对话框,选择"表",输入表名:pjcj,单击"确定"按钮,如图 2-7-13 所示。

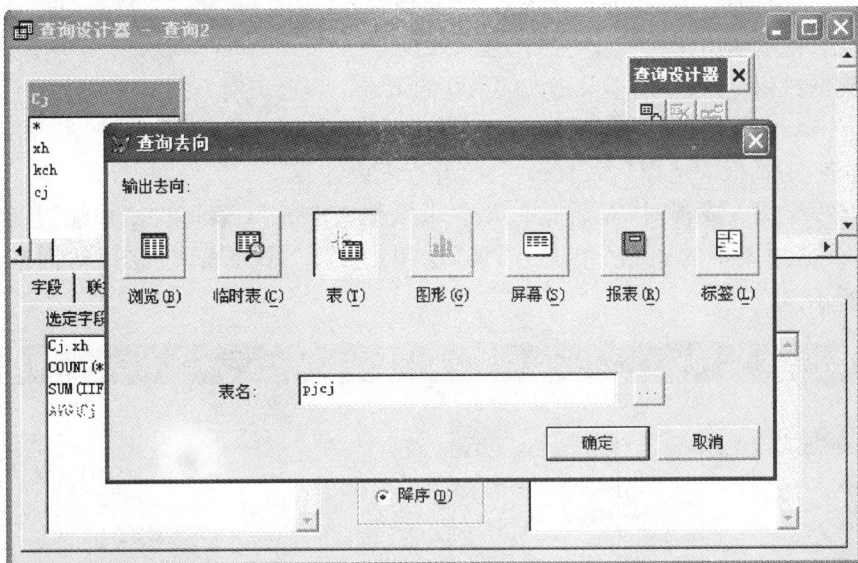

图 2-7-13　查询去向

10. 点击工具栏中的"!"按钮运行查询,结果保存到表文件 pjcj. DBF 中。单击"显示"系统菜单下的"浏览",显示查询结果如图 2-7-14 所示。

图 2-7-14　查询结果

11. 单击查询设计器的"关闭"按钮,在弹出的对话框中单击"是",在"另存为"对话框中,输入查询文件名为:cjcx,再单击"保存"按钮。

（三）多表查询

按照下列步骤以 xk 数据库中的 kc 表（课程表）和 cj 表（成绩表）为数据源，建立查询文件 kccx，查询每门课程的选课人数，不及格人数（成绩 60 分以下）以及每门课程的平均成绩。要求输出课程号、课程名、选课人数、不及格人数和平均成绩，结果按选课人数从高到低排列，且仅显示不及格人数为 0 的记录。查询去向为浏览窗口。

1. 在 xkxt 项目管理器中选择"数据"页面下的"查询"，单击"新建"按钮，在出现的"新建查询"对话框中选择"新建查询"，打开查询设计器。

2. 在"添加表或视图"对话框中选择 xk 数据库中的 kc 表，单击"添加"按钮。继续选择 xk 数据库中的 cj 表，单击"添加"按钮。关闭"添加表或视图"对话框，如图 2-7-15 所示。

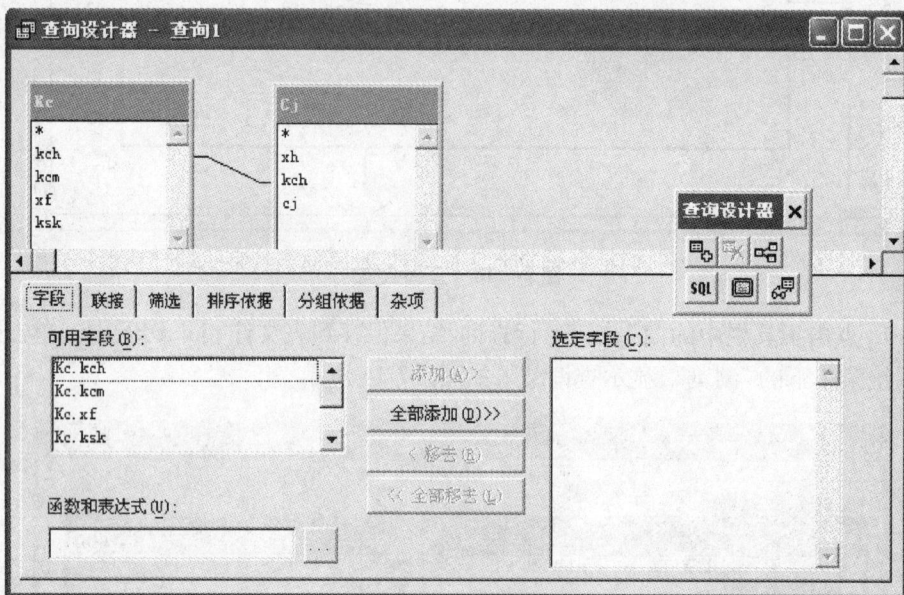

图 2-7-15　查询设计器

3. 选择"联接"页面，因为在 xk 数据库中已经根据 kch 字段建立了 kc 表和 cj 表的永久性关系，所以添加两张表到查询设计器后，联接条件自动生成，如图 2-7-16 所示。（如果两张表没有建立永久性关系，需要自己按 kch 字段设置联接条件）

4. 在"字段"页面中，单击"函数和表达式"右面的"三点"按钮，在表达式生成器中输入：kc. kch AS 课程号，单击"确定"按钮，再单击"添加"按钮，加入到"选定字段"列中。

5. 在"字段"页面中，单击"函数和表达式"右面的"三点"按钮，在表达式生成器中输入：kc. kcm AS 课程名，单击"确定"按钮，再单击"添加"按钮，加入到"选定字段"列中。

6. 选择"分组依据"页面，双击"可用字段"列表下的"kc. kch"，添加到"分组字段"列表框，如图 2-7-17 所示。

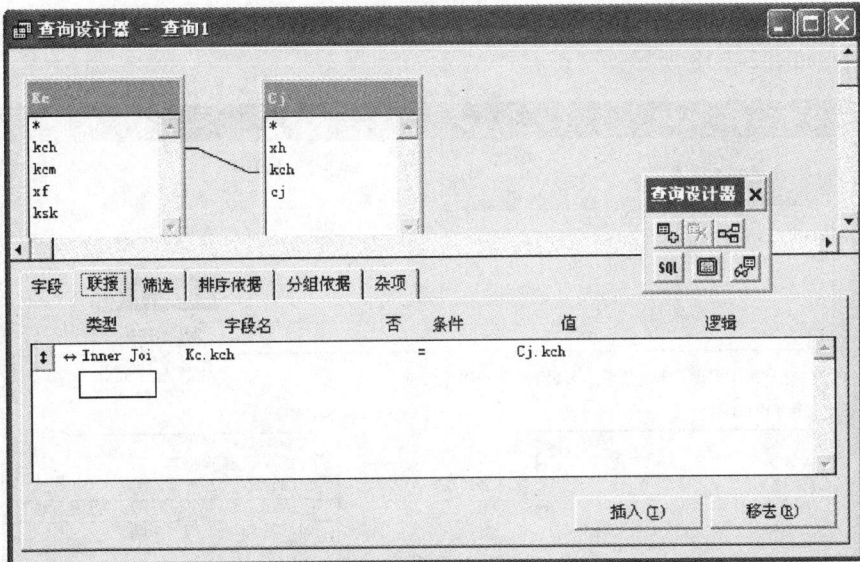

图 2-7-16　联接条件

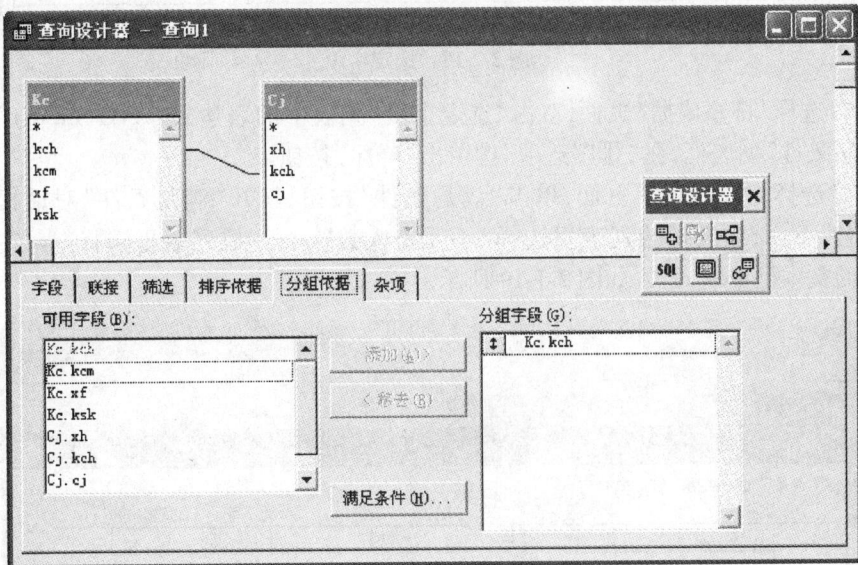

图 2-7-17　分组依据

7. 在"字段"页面中,单击"函数和表达式"右面的"三点"按钮,在表达式生成器中输入:COUNT(*) AS 选课人数,单击"确定"按钮,再单击"添加"按钮,加入到"选定字段"列中。

8. 在"字段"页面中,单击"函数和表达式"右面的"三点"按钮,在表达式生成器中输入:SUM(IIF(cj<60,1,0)) AS 不及格人数,单击"确定"按钮,再单击"添加"按钮,加入到"选定字段"列中。

9. 在"字段"页面中,单击"函数和表达式"右面的"三点"按钮,在表达式生成器中输入:AVG(cj.cj) AS 平均成绩,单击"确定"按钮,再单击"添加"按钮,加入到"选定字段"列中,如图 2-7-18 所示。

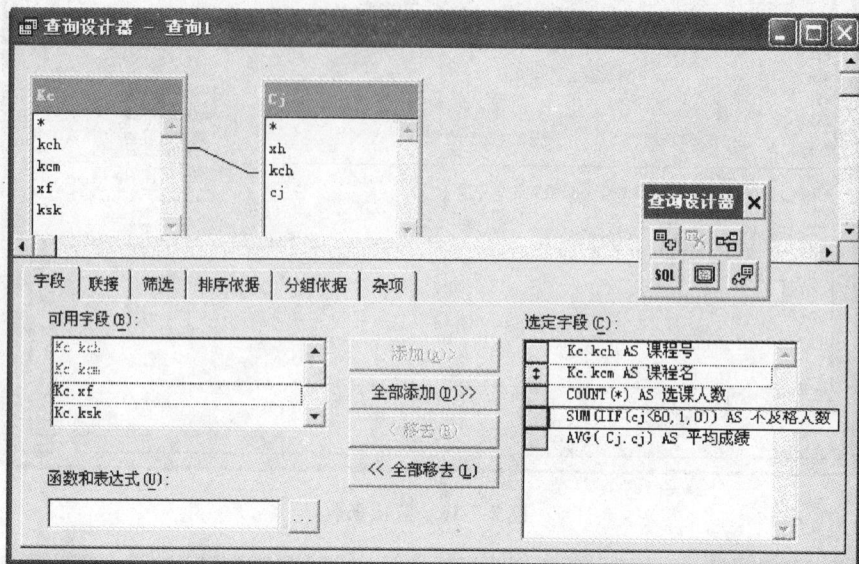

图 2-7-18 选定字段

10. 选择"排序依据"页面,双击"选定字段"列表下的表达式"AVG(cj.cj)",添加到"排序条件"列表框,在"排序选项"中单击"降序"按钮。

11. 选择"分组依据"页面,单击"满足条件"按钮,打开"满足条件"对话框,单击"字段名"下面,在出现的列表里选择"不及格人数",在下拉列表里选择" = ",在"实例"下的文本框里输入:0,如图 2-7-19 所示。

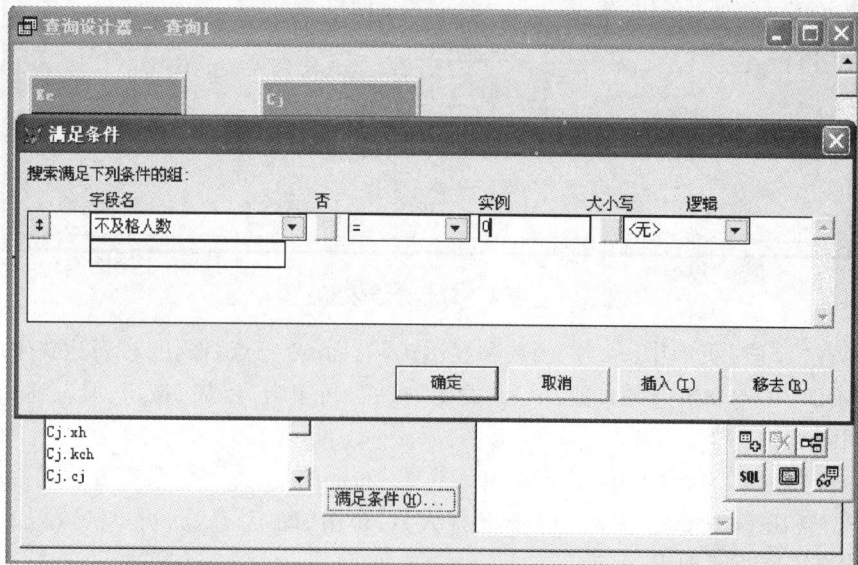

图 2-7-19 满足条件

12. 选择"查询"菜单下的"查询去向",弹出"查询去向"对话框,选择"浏览"。

13. 点击工具栏中的"!"按钮运行查询,查询结果如图 2-7-20 所示。

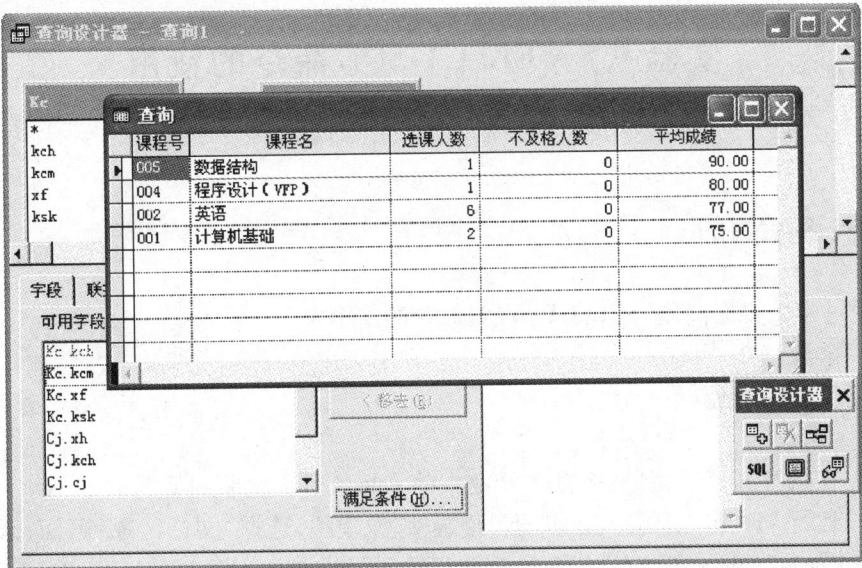

图 2-7-20　查询结果

14. 单击查询设计器的"关闭"按钮,在弹出的对话框里单击"是",在"另存为"对话框里,输入查询文件名为:kccx,再单击"保存"按钮。

（四）退出 VFP

在"我的电脑"窗口中,将 E 盘下的 data 文件夹复制到自己的 U 盘中。

实验八　SELECT-SQL 命令的使用

一、实验目的

通过本次实验,掌握 SELECT – SQL 命令的使用。

二、实验准备

1. 在"我的电脑"窗口,将自己 U 盘中的 data 文件夹复制到 E 盘。

2. 运行 VFP 6.0,单击"工具"下的"选项"菜单项,选择"文件位置"页面,修改"默认目录"为 E 盘 data 文件夹;或在命令窗口输入运行命令 SET DEFAULT TO E:\data,设置默认路径为 E 盘 data 文件夹。

3. 打开 xkxt 项目文件,进入 xkxt 项目管理器。

三、实验内容

（一）查看已经建立的查询文件里的 SELECT-SQL 命令

1. 在 xkxt 项目管理器中选择"数据"页面下的"查询",单击前面的加号展开查询文件名,单击"kccx"文件名,单击"修改"按钮,打开查询设计器。

2. 单击"查询设计器"工具栏里的"SQL"按钮,打开 kccx. qpr 程序编辑窗口,可以查看自动生成的 SELECT-SQL 命令,如图 2-8-1,2-8-2 所示。

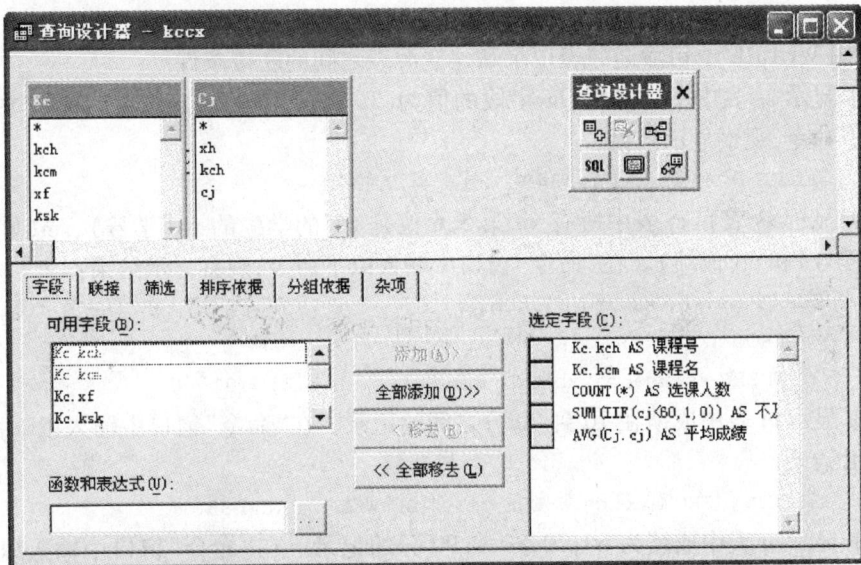

图 2-8-1　查询设计器

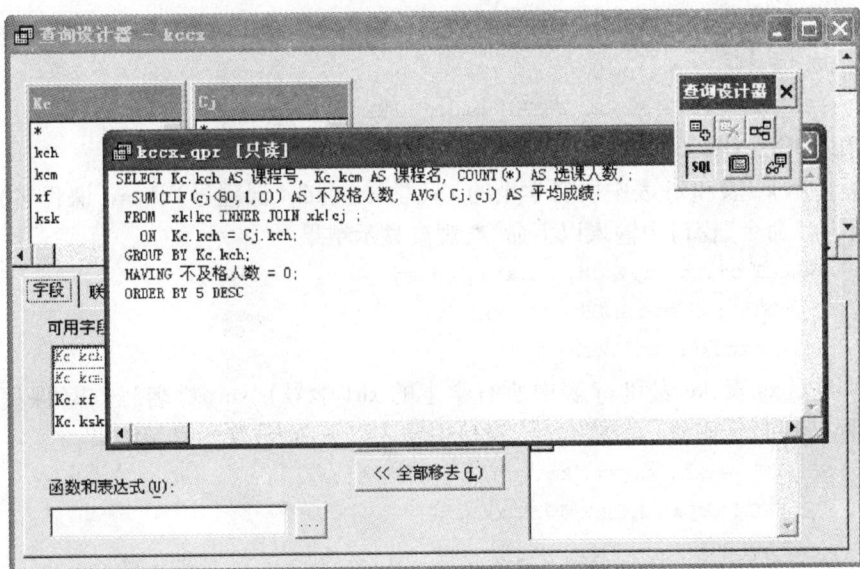

图 2-8-2　查看 SELECT-SQL 命令

(二) SELELCT-SQL 命令的使用

在"命令"窗口(或者程序中)输入 SELECT – SQL 命令,对数据进行查询。

1. 指定查询结果中的列,使用 FROM 子句指定数据来源。

(1) 显示 xs 表中所有的信息,在"命令"窗口中输入以下命令,观察显示结果:

```
SELECT * FROM xk!xs
```

(2) 显示 kc 表中所有课程的 kch(课程号)和 kcm(课程名)。在"命令"窗口中输入以下命令,观察显示结果:

```
SELECT kc.kch,kc.kcm FROM xk!kc
```

2. 用 WHERE 子句筛选源表记录和建立源表之间的联接条件。

（1）显示 xs 表中所有已婚（hf 字段的值为.T.）男同学的信息。在"命令"窗口中输入以下命令，观察显示结果：

```
SELECT * FROM xk!xs WHERE xb ='男' AND hf
```

（2）显示 xs 表和 cj 表中所有 xh 第5、6位是'01'的学生的 xh（学号）、xm（姓名）、kch（课程号）和 cj（成绩）。在"命令"窗口中输入以下命令，观察显示结果：

```
SELECT xs.xh, xs.xm, cj.kch, cj.cj;
    FROM xk!xs,xk!cj;
    WHERE xs.xh = cj.xh AND SUBSTR(xs.xh,5,2) ='01'
```

（3）显示 cj 表中成绩在70到80分之间的记录。在"命令"窗口中输入以下命令，观察显示结果：

```
SELECT * FROM xk!cj WHERE cj.cj BETWEEN 70 and 80
```

（4）显示 cj 表中成绩为60,70,80 和90分的记录。在"命令"窗口中输入以下命令，观察显示结果：

```
SELECT * FROM xk!cj WHERE cj.cj IN (60,70,80,90)
```

（5）显示 xs 表中所有姓张的同学的信息。在"命令"窗口中输入以下命令，观察显示结果：

```
SELECT * FROM xk!xs WHERE xs.xm LIKE '张%'
```

3. 用 JOIN…ON 子句建立源表之间的联接条件。

（1）显示 kc 表和 cj 表中所有学生的 xh（学号）、kch（课程号）、kcm（课程名）和 cj（成绩）。在"命令"窗口中输入以下命令，观察显示结果：

```
SELECT cj.xh, cj.kch, kc.kcm, cj.cj;
    FROM xk!kc INNER JOIN xk!cj;
    ON kc.kch = cj.kch
```

（2）显示 xs 表、kc 表和 cj 表中所有学生的 xh（学号）、xm（姓名）、kch（课程号）、kcm（课程名）和 cj（成绩）。在"命令"窗口中输入以下命令，观察显示结果：

```
SELECT xs.xh, xs.xm, kc.kch, kc.kcm, cj.cj;
    FROM xk!xs INNER JOIN xk!cj;
    INNER JOIN xk!kc ;
    ON kc.kch = cj.kch ;
    ON xs.xh = cj.xh
```

4. 用 INTO 和 TO 子句指定查询输出去向。

（1）显示 xs 表中所有未婚（hf 字段的值为.F.）同学的信息，并将结果保存到临时表 xstemp 中。在"命令"窗口中输入以下命令运行，再单击"显示"系统菜单下的"浏览"（或者输入 BROWSE 命令），显示查询结果：

```
SELECT * FROM xk!xs WHERE NOT hf;
    INTO CURSOR xstemp
```

（2）显示 xs 表和 cj 表中所有出生年份是1993年的学生的 xh（学号）、xm（姓名）、

kch(课程号)和 cj(成绩),并将结果保存到 xs1993temp. txt 的文本文件中。在"命令"
窗口中输入以下命令并运行,观察显示结果:

```
SELECT xs.xh, xs.xm, cj.kch, cj.cj;
    FROM xk! xs,xk! cj;
    WHERE xs.xh = cj.xh AND YEAR( csrq) =1993;
    TO FILE xs1993temp.txt
DIR * .txt                          && 观察当前目录下生成了一个文本文件
```

5. 用 GROUP BY 子句指定记录的分组依据。

以 xk 数据库中的 cj 表(成绩表)为数据源,查询每个同学的选课门数,不及格门数
(成绩 60 分以下)以及所选课程的最高成绩和最低成绩,要求输出学号、选课门数、不
及格门数和最高成绩。在"命令"窗口中输入以下命令并运行,显示查询结果:

```
SELECT cj.xh,COUNT(*) AS 选课门数,;
    SUM( IIF(cj.cj <60,1,0)) AS 不及格门数,;
    MAX(cj.cj) AS 最高成绩, MIN(cj.cj) AS 最低成绩;
    FROM xk! cj;
    GROUP BY cj.xh
```

6. 用 ORDER BY 子句指定查询结果的排列顺序。

以 xk 数据库中的 kc 表(课程表)和 cj 表(成绩表)为数据源,查询每门课程的选课
人数和每门课程的平均成绩。要求输出课程号、课程名、选课人数和平均成绩,结果先
按选课人数从高到低排列,再按平均成绩升序排列,并将结果保存到表 kcpjcj 中。在
"命令"窗口中输入以下命令并运行,再单击"显示"系统菜单下的"浏览"(或者输入
BROWSE 命令),显示查询结果:

```
SELECT kc.kch, kc.kcm, COUNT(*) AS 选课人数,;
    AVG( cj.cj) AS 平均成绩;
    FROM xk! kc INNER JOIN xk! cj;
    ON kc.kch =cj.kch;
    GROUP BY 1;
    ORDER BY 3 DESC,4;
    INTO TABLE kcpjcj
```

7. 用 HAVING 子句筛选查询结果记录。

以 xk 数据库中的 cj 表(成绩表)为数据源,查询每个同学的选课门数,不及格门数
(成绩 60 分以下)。要求输出学号、选课门数、不及格门数,且只显示不及格门数不为 0
的记录。在"命令"窗口中输入以下命令并运行,显示查询结果:

```
SELECT cj.xh,COUNT(*) AS 选课门数,;
    SUM( IIF(cj.cj <60,1,0)) AS 不及格门数;
    FROM xk! cj;
    GROUP BY cj.xh;
    HAVING 不及格门数#0
```

8. 用 DISTINCT 和 TOP 子句指定有无重复记录和显示的结果记录数。

(1) 显示 cj 表中学生的学号,不允许输出重复记录。在"命令"窗口中输入以下命

令并运行,显示查询结果:

```
SELECT DISTINCT cj.xh FROM xk!cj
```

(2) 以 xk 数据库中的 cj 表(成绩表)为数据源,查询每个同学的选课门数和总分。要求输出学号、选课门数和总分,且只输出总分前 3 名的记录。在"命令"窗口中输入以下命令并运行,显示查询结果:

```
SELECT TOP 3 cj.xh,COUNT(*) AS 选课门数,;
    SUM(cj.cj) AS 总分;
    FROM xk!cj;
    GROUP BY cj.xh;
    ORDER BY 3 DESC
```

(3) 以 xk 数据库中的 cj 表(成绩表)为数据源,查询每个同学的选课门数和总分。要求输出学号、选课门数和总分,且只输出总分前 30% 的记录。在"命令"窗口中输入以下命令并运行,显示查询结果。

```
SELECT TOP 30 PERCENT cj.xh,COUNT(*) AS 选课门数,;
    SUM(cj.cj) AS 总分;
    FROM xk!cj;
    GROUP BY cj.xh;
    ORDER BY 3 DESC
```

9. 用 UNION 子句组合多个查询结果。

以 xk 数据库中的 cj 表(成绩表)为数据源,查询课程号 kch 为'003'的不及格和及格的学生人数。在"命令"窗口中输入以下命令并运行,显示查询结果。

```
SELECT '不及格' AS 成绩类型,COUNT(*) AS 人数;
    FROM xk!cj;
    WHERE cj.kch = '003' AND cj.cj < 60;
    UNION;
    SELECT '及格' AS 成绩类型,COUNT(*) AS 人数;
    FROM xk!cj;
    WHERE cj.kch = '003' AND cj.cj >= 60
```

10. 子查询。

查询 xs 表中已经选课的学生信息。在"命令"窗口中输入以下命令并运行,显示查询结果。

```
SELECT * FROM xk!xs;
    WHERE xs.xh IN (SELECT DISTINCT cj.xh FROM xk!cj)
```

(三) 退出 VFP

在"我的电脑"窗口中,将 E 盘下的 data 文件夹复制到自己的 U 盘中。

实验九　程序文件

一、实验目的

通过本次实验,掌握程序文件的建立、修改和运行;掌握条件分支语句和循环语句的功能和使用方法。

二、实验准备

1. 在"我的电脑"窗口,将自己 U 盘中的 data 文件夹复制到 E 盘。

2. 运行 VFP 6.0,单击"工具"下的"选项"菜单项,选择"文件位置"页面,修改"默认目录"为 E 盘 data 文件夹;或在命令窗口输入运行命令 SET DEFAULT TO E:\data,设置默认路径为 E 盘 data 文件夹。

3. 打开 xkxt 项目文件,进入 xkxt 项目管理器。

三、实验内容

(一) 条件分支程序

1. 使用 IF … ENDIF 语句,创建程序 dkxsb. prg。程序功能:首先测试当前目录下 xs. dbf 文件是否存在,如果存在,打开 xs 表并浏览记录。

(1) 在 xkxt 项目管理器中选择"代码"页面下的"程序",单击"新建"按钮,打开程序文件的编辑窗口,输入程序命令内容,如图 2-9-1 所示。

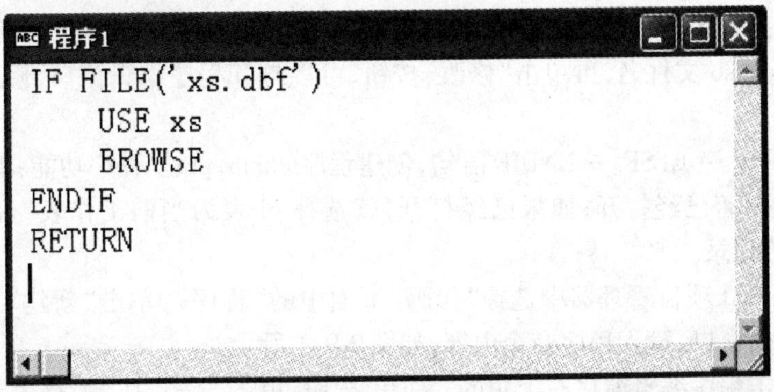

```
IF FILE('xs.dbf')
    USE xs
    BROWSE
ENDIF
RETURN
```

图 2-9-1　程序编辑窗口

（2）单击程序编辑窗口右上角的"关闭"按钮,弹出如图2-9-2所示的对话框,单击"是",在"另存为"对话框中输入程序文件名:dkxsb,如图2-9-3所示,单击"保存"按钮。

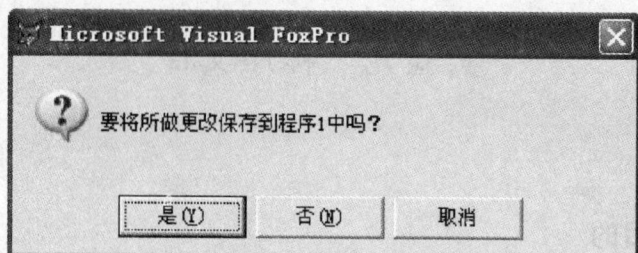

图 2-9-2　信息对话框

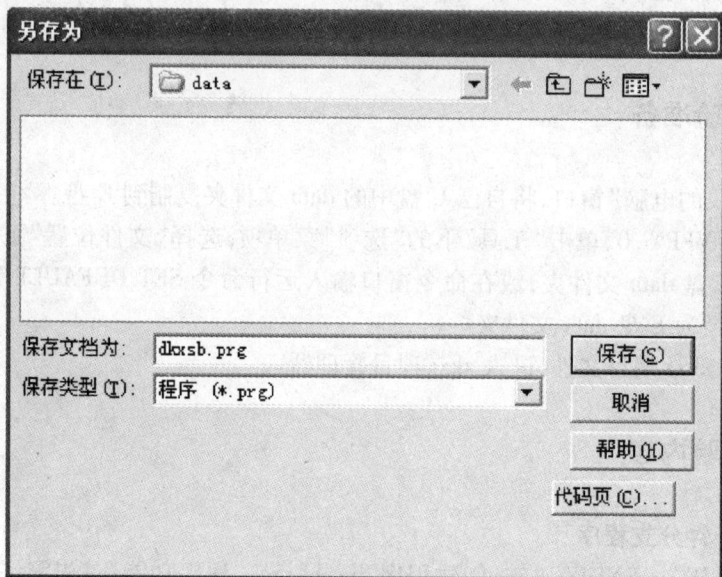

图 2-9-3　另存为对话框

（3）在 xkxt 项目管理器中,单击"代码"页面中"程序"前面的"＋",单击 dkxsb 文件名,再单击"运行"按钮,观察运行结果。

（4）如果程序需要修改,在 xkxt 项目管理器中,单击"代码"页面中"程序"前面的"＋",单击 dkxsb 文件名,再单击"修改"按钮,可以打开程序编辑窗口,修改程序,然后保存再运行。

2. 使用 IF … ELSE … ENDIF 语句,创建程序 dkcjb. prg。程序功能:首先测试当前目录下 cj 表是否已经打开,如果已经打开,就选择 cj 表为当前工作表,否则就打开 cj 表,最后浏览记录。

（1）在 xkxt 项目管理器中选择"代码"页面中的"程序",单击"新建"按钮,打开程序文件的编辑窗口,输入程序命令内容,如图2-9-4所示。

（2）单击程序编辑窗口右上角的"关闭"按钮,单击"是",在"另存为"对话框中输入程序文件名:dkcjb,单击"保存"按钮。

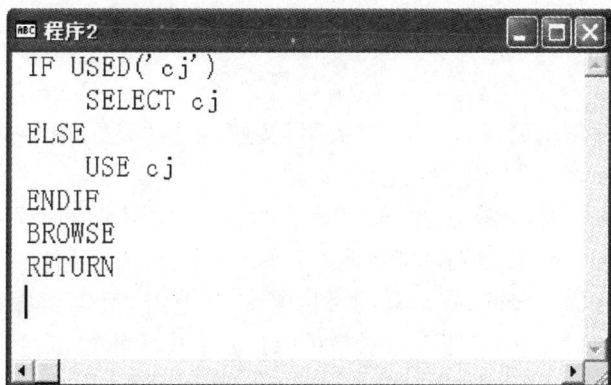

图2-9-4 程序编辑窗口

（3）在 xkxt 项目管理器中,单击"代码"页面中"程序"前面的"＋",单击 dkcjb 文件名,再单击"运行"按钮,观察运行结果。

（4）如果程序需要修改,在 xkxt 项目管理器中,单击"代码"页面中"程序"前面的"＋",单击 dkcjb 文件名,再单击"修改"按钮,可以打开程序编辑窗口修改程序,然后保存再运行。

3. 使用 DO CASE … ENDCASE 语句,创建程序 fcg. prg。程序功能:从键盘上任意输入 3 个实数,分别作为一元二次方程 $ax^2 + bx + c = 0$ 的 3 个系数,求解并显示方程的根。

（1）在 xkxt 项目管理器中选择"代码"页面中的"程序",单击"新建"按钮,打开程序文件的编辑窗口,输入程序。程序清单如下:

```
CLEAR
INPUT  'a ='  TO a
INPUT  'b ='  TO b
INPUT  'c ='  TO c
delta = b * b - 4 * a * c
DO CASE
CASE delta > 0
    ?   '方程有两个不等的实数根:'
    ??   ( - b + SQRT(delta))/(2 * a)
    ??   ( - b - SQRT(delta))/(2 * a)
CASE delta = 0
    ?   '方程有两个相等的实数根:'
    ??   - b/(2 * a)
CASE delta < 0
    ?   '方程有两个复根:'
    real = - b/(2 * a)
    img = SQRT( - delta) /(2 * a)
    ?   ALLTRIM(STR(real)) + '+' + ALLTRIM(STR(img)) + 'i'
```

```
?    ALLTRIM(STR(real)) +'-'+ALLTRIM(STR(img)) +'i'
```
ENDCASE

RETURN

（2）单击程序编辑窗口右上角的"关闭"按钮,单击"是",在"另存为"对话框中输入程序文件名:fcg,单击"保存"按钮。

（3）在 xkxt 项目管理器中,单击"代码"页面中"程序"前面的"+",再单击 fcg 文件名,再单击"运行"按钮,分别从键盘输入 a,b,c 的值,观察运行结果。

（4）如果程序需要修改,在 xkxt 项目管理器中,单击"代码"页面中"程序"前面的"+",单击 fcg 文件名,单击"修改"按钮,可以打开程序编辑窗口,修改程序,然后保存再运行。

（二）循环程序

1. 使用 DO WHILE … ENDDO 语句,创建程序 qh. prg。程序功能:计算 1 + 2 + 3 + … + 100 的和,并显示结果。

（1）在 xkxt 项目管理器中选择"代码"页面中的"程序"选项,单击"新建"按钮,打开程序文件的编辑窗口,输入程序。程序清单如下:

```
CLEAR
i = 1
s = 0
DO WHILE  i < = 100
    s = s + i
    i = i + 1
ENDDO
?  s
RETURN
```

（2）单击程序编辑窗口右上角的"关闭"按钮,单击"是",在"另存为"对话框中输入程序文件名:qh,单击"保存"按钮。

（3）在 xkxt 项目管理器中,单击"代码"页面中"程序"前面的"+",单击 qh 文件名,再单击"运行"按钮,观察运行结果。

（4）如果程序需要修改,在 xkxt 项目管理器中,单击"代码"页面中"程序"前面的"+",单击 qh 文件名,再单击"修改"按钮,可以打开程序编辑窗口,修改程序,然后保存再运行。

2. 使用 DO WHILE … ENDDO 语句,创建程序 cx. prg。程序功能:在 cj 表中逐条查询 cj 字段值为 90 及以上的记录内容。

（1）在 xkxt 项目管理器中选择"代码"页面中的"程序"选项,单击"新建"按钮,打开程序文件的编辑窗口,输入程序。程序清单如下:

```
CLEAR
IF USED('cj')
    SELECT cj
ELSE
```

```
        USE cj
    ENDIF
    LOCATE FOR cj >= 90
    DO WHILE NOT EOF( )
        DISPLAY
        CONTINUE
    ENDDO
    RETURN
```

（2）单击程序编辑窗口右上角的"关闭"按钮，单击"是"，在"另存为"对话框中输入程序文件名:cx,单击"保存"按钮。

（3）在 xkxt 项目管理器中，单击"代码"页面中"程序"前面的"＋"，单击 cx 文件名,再单击"运行"按钮，观察运行结果。

（4）如果程序需要修改，在 xkxt 项目管理器中，单击"代码"页面中"程序"前面的"＋"，单击 cx 文件名,再单击"修改"按钮，可以打开程序编辑窗口修改程序，然后保存再运行。

3. 使用 FOR … ENDFOR 语句,创建程序 jc. prg。程序功能:从键盘上任意输入一个正整数，然后求其阶乘并显示。

（1）在 xkxt 项目管理器中选择"代码"页面中的"程序"选项，单击"新建"按钮，打开程序文件的编辑窗口,输入程序。程序清单如下:

```
    CLEAR
    INPUT  'x =' TO x
    result = 1
    FOR i = 1 to x
        result = result * i
    ENDFOR
    ?    STR(x) +'! =' + ALLTRIM(STR(result))
    RETURN
```

（2）单击程序编辑窗口右上角的"关闭"按钮，单击"是"，在"另存为"对话框中输入程序文件名:jc,单击"保存"按钮。

（3）在 xkxt 项目管理器中，单击"代码"页面中"程序"前面的"＋"，单击 jc 文件名,再单击"运行"按钮，输入一个数,按回车键,观察运行结果。

（4）如果程序需要修改，在 xkxt 项目管理器中，单击"代码"页面中"程序"前面的"＋"，单击 jc 文件名,再单击"修改"按钮，可以打开程序编辑窗口修改程序，然后保存再运行。

4. 使用 SCAN-ENDSCAN 语句,创建程序 cjjf. prg。程序功能:给 cj 表中 cj 大于等于 60 小于 70 的记录 cj 值加 1 分,显示记录原来的值,再显示加分后的值,然后恢复原来的值。

（1）在 xkxt 项目管理器中选择"代码"页面中的"程序"选项，单击"新建"按钮，打开程序文件的编辑窗口,输入程序。程序清单如下:

```
CLEAR
IF USED('cj')
    SELECT cj
ELSE
    USE cj
ENDIF
SCAN ALL FOR cj >=60 AND cj <70
    DISPLAY
    REPLACE cj WITH cj +1
    DISPLAY
    REPLACE cj WITH cj -1
    DISPLAY
ENDSCAN
RETURN
```

（2）单击程序编辑窗口右上角的"关闭"按钮,单击"是",在"另存为"对话框中输入程序文件名:cjjf,单击"保存"按钮。

（3）在 xkxt 项目管理器中,单击"代码"页面中"程序"前面的"＋",单击 cjjf 文件名,再单击"运行"按钮,观察运行结果。

（4）如果程序需要修改,在 xkxt 项目管理器中,单击"代码"页面中"程序"前面的"＋",单击 cjjf 文件名,再单击"修改"按钮,可以打开程序编辑窗口修改程序,然后保存再运行。

5. 在循环中使用 LOOP 语句,创建程序 loop.prg。程序功能:计算 1 到 100 之间不能被 3 整除的奇数的和,并显示结果。

（1）在 xkxt 项目管理器中选择"代码"页面中的"程序"选项,单击"新建"按钮,打开程序文件的编辑窗口,输入程序。程序清单如下:

```
CLEAR
s =0
FOR i =1 TO 100 STEP 2
    IF MOD(i,3) =0
        LOOP
    ENDIF
    s =s +i
ENDFOR
?    s
RETURN
```

（2）单击程序编辑窗口右上角的"关闭"按钮,单击"是",在"另存为"对话框中输入程序文件名:loop,单击"保存"按钮。

（3）在 xkxt 项目管理器中,单击"代码"页面中"程序"前面的"＋",单击 loop 文件名,再单击"运行"按钮,观察运行结果。

（4）如果程序需要修改,在 xkxt 项目管理器中,单击"代码"页面中"程序"前面的

"+",单击 loop 文件名,再单击"修改"按钮,可以打开程序编辑窗口,修改程序,然后保存再运行。

6. 在循环中使用 EXIT 语句,创建程序 exit. prg。程序功能:随机产生一个 70 到 80 之间的两位整数,并显示出来。

(1) 在 xkxt 项目管理器中选择"代码"页面中的"程序"选项,单击"新建"按钮,打开程序文件的编辑窗口,输入程序。程序清单如下:

```
CLEAR
x = 0
DO WHILE .t.
    x = INT(RAND( ) * 100)
    IF x > 70 and x < 80
        EXIT
    ENDIF
ENDDO
?  x
RETURN
```

(2) 单击程序编辑窗口右上角的"关闭"按钮,单击"是",在"另存为"对话框中输入程序文件名:exit,单击"保存"按钮。

(3) 在 xkxt 项目管理器中,单击"代码"页面中"程序"前面的"+",单击 exit 文件名,再单击"运行"按钮,观察运行结果。反复多次运行程序,观察结果。

(4) 如果程序需要修改,在 xkxt 项目管理器中,单击"代码"页面中"程序"前面的"+",单击 exit 文件名,再单击"修改"按钮,可以打开程序编辑窗口修改程序,然后保存再运行。

7. 使用循环嵌套,创建程序 xhqt. prg。程序功能:显示一组"*"组成的图形。

(1) 在 xkxt 项目管理器中选择"代码"页面中的"程序"选项选项,单击"新建"按钮,打开程序文件的编辑窗口,输入程序。程序清单如下:

```
CLEAR
FOR i = 1 to 5
    FOR j = 1 to i
        @i,j + 1 SAY '*'
    NEXT
NEXT
RETURN
```

(2) 单击程序编辑窗口右上角的"关闭"按钮,单击"是",在"另存为"对话框中输入程序文件名:xhqt,单击"保存"按钮。

(3) 在 xkxt 项目管理器中,单击"代码"页面中"程序"前面的"+",单击 xhqt 文件名,再单击"运行"按钮,观察运行结果。

(4) 如果程序需要修改,在 xkxt 项目管理器中,单击"代码"页面中"程序"前面的"+",单击 xhqt 文件名,再单击"修改"按钮,可以打开程序编辑窗口修改程序,然后保存再运行。

（三）位于程序底部的自定义函数的使用

使用自定义函数，创建程序 jch.prg。程序功能：计算 1! +2! +3! +4! +5!，并显示结果。

1. 在 xkxt 项目管理器中选择"代码"页面中的"程序"，单击"新建"按钮，打开程序文件的编辑窗口，输入程序。程序清单如下：

```
CLEAR
s = 0
FOR i = 1 to 5
    s = s + fjc(i)
ENDFOR
?   s
FUNCTION fjc
    PARAMETERS x
    p = 1
    FOR n = 1 TO x
        p = p * n
    ENDFOR
    RETURN p
ENDFUNC
RETURN
```

2. 单击程序编辑窗口右上角的"关闭"按钮，单击"是"，在"另存为"对话框中输入程序文件名：jch，单击"保存"按钮。

3. 在 xkxt 项目管理器中，单击"代码"页面中"程序"前面的"+"，单击 jch 文件名，再单击"运行"按钮，观察运行结果。

4. 如果程序需要修改，在 xkxt 项目管理器中，单击"代码"页面中"程序"前面的"+"，单击 jch 文件名，再单击"修改"按钮，可以打开程序编辑窗口修改程序，然后保存再运行。

（四）退出 VFP

在"我的电脑"窗口中，将 E 盘中的 data 文件夹复制到自己的 U 盘中。

实验十　表单设计（一）

一、实验目的

通过本次实验，掌握表单文件的建立、表单设计器的使用和表单对象相关属性的设置；掌握表单常用控件的使用。

二、实验准备

1. 在"我的电脑"窗口，将自己 U 盘中的 data 文件夹复制到 E 盘。

2. 运行 VFP 6.0，单击"工具"下的"选项"菜单项，选择"文件位置"页面，修改"默认目录"为 E 盘 data 文件夹；或在命令窗口输入运行命令 SET DEFAULT TO E:\data，设置默认路径为 E 盘 data 文件夹。

3. 打开 xkxt 项目文件，进入 xkxt 项目管理器。

三、实验内容

（一）表单及其属性的设置

1. 在 xkxt 项目管理器中选择"文档"页面中的"表单"选项，单击"新建"按钮，在出现的"新建表单"对话框中选择"新建表单"，打开表单设计器，如图 2-10-1 所示。

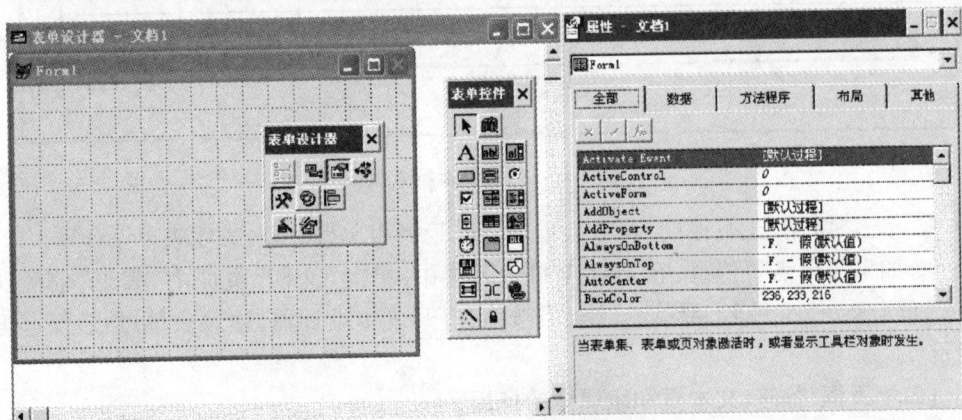

图 2-10-1　表单设计器

2. 练习"属性"窗口、"表单设计器"工具栏、"表单控件"工具栏的打开、关闭和使用。

3. 单击"表单设计器"工具栏上的"数据环境"按钮,添加 xs 表,观察"属性"窗口中 cursor1 对象的相关属性(Exclusive, Filter, Order, ReadOnly)的属性说明。

4. 用鼠标拖动"数据环境"中 xs 表标题到表单中,创建一个表格(用鼠标拖动字段名字还可以添加各种其他控件)。

5. 在"属性"窗口的对象列表中选择 Form1 对象,观察"属性"窗口中 Form1 对象的相关属性(AlwaysOnTop, AutoCenter, BackColor, BorderStyle, Caption, Closable, Control-Box, Height, Icon, Left, MaxButton, MinButton, Movable, Name, Top, Width, Window-State)的属性说明。

6. 设置 Form1 对象的 AutoCenter 为:. T. , BackColor 为:淡黄色, BorderStyle 为: 2-固定对话框, Caption 为:学生表浏览, ControlBox 为:. F. , Height 为:500, Width 为:600。

7. 单击"常用"工具栏的"运行"(红色感叹号)按钮或者右击表单空白处,选择"执行表单",保存表单文件,文件名为:xsbj1.scx,观察这些属性设置对表单运行效果的影响。表单运行效果如图 2-10-2 所示。

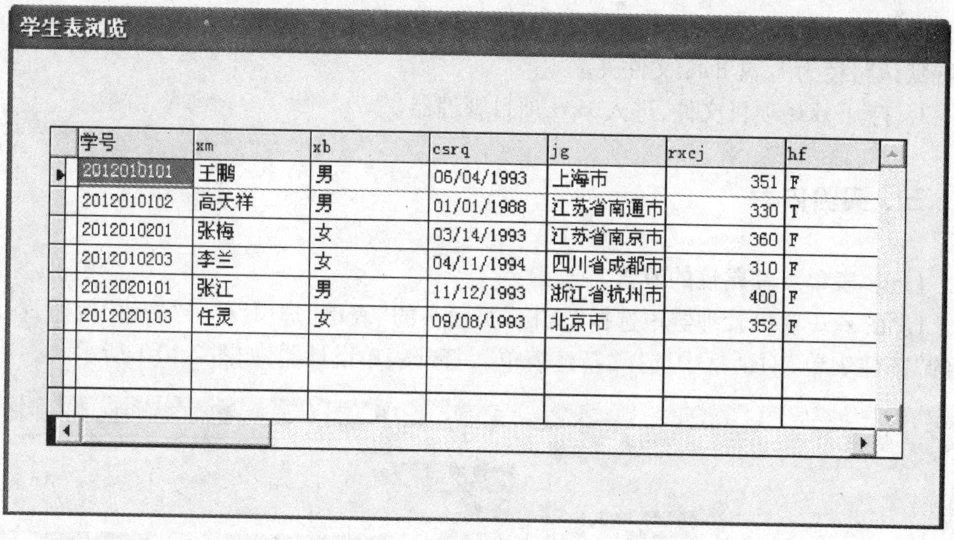

学号	xm	xb	csrq	jg	rxcj	hf
2012010101	王鹏	男	06/04/1993	上海市	351	F
2012010102	高天祥	男	01/01/1988	江苏省南通市	330	T
2012010201	张梅	女	03/14/1993	江苏省南京市	360	F
2012010203	李兰	女	04/11/1994	四川省成都市	310	F
2012020101	张江	男	11/12/1993	浙江省杭州市	400	F
2012020103	任灵	女	09/08/1993	北京市	352	F

图 2-10-2　表单运行效果

8. 单击"常用"工具栏的"修改表单"按钮,返回表单设计器,关闭表单设计器。

9. 如果表单需要修改,在 xkxt 项目管理器中,单击"文档"页面中"表单"前面的"＋",单击 xsbj1 文件名,再单击"修改"按钮,打开表单设计器,修改表单,然后保存再运行。

（二）页框、标签、文本框和编辑框的使用

1. 在 xkxt 项目管理器中选择"文档"页面中的"表单"选项,单击"新建"按钮,在出现的"新建表单"对话框中选择"新建表单",打开表单设计器。

2. 设置 Form1 对象的 AutoCenter 为:. T. , Caption 为:学生表浏览, Height 为:500, Width 为:600。

3. 单击"表单控件"工具栏上的"页框"控件按钮, 在表单中拖动鼠标, 添加一个页框, 并设置其 PageCount 属性值为:2。

4. 设置 Page1 和 Page2 的 Caption 属性值分别为编辑单个学生信息和表格浏览学生信息。

5. 设置 Page1 和 Page2 的 BackColor, ForeColor, FontName, FontSize, FontBold 等属性, 观察这些属性对控件外观的影响。设置 Page1 和 Page2 的 FontSize 为:12。页框设计效果如图 2-10-3 所示。

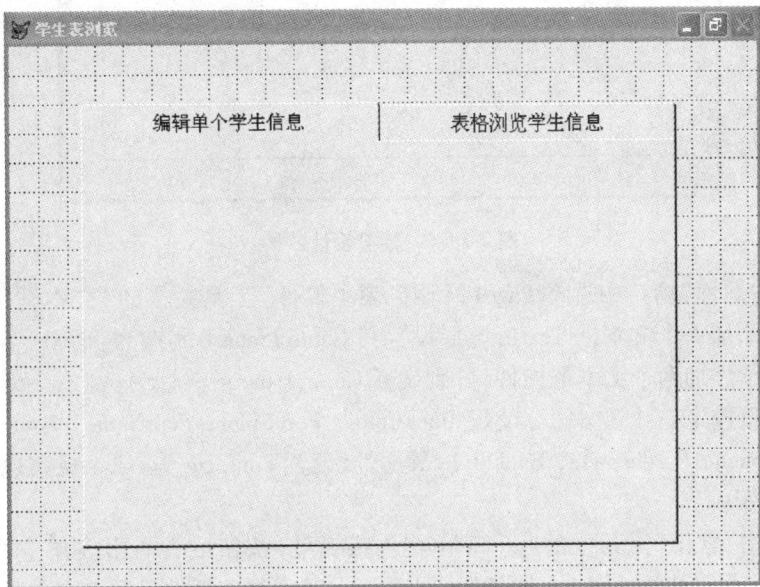

图 2-10-3 页框设计效果

6. 单击"表单设计器"工具栏上的"数据环境"按钮, 添加 xs 表。

7. 在"属性"窗口中选择 Page1, 利用"表单控件"工具栏上的"标签"控件按钮向 Page1 中添加一个标签 Label1, 设置其 Caption 属性值为:学号。继续添加两个标签控件, Caption 属性值分别为:姓名和性别。

8. 按住键盘上的[Shift]键, 单击 Label1, Label2 和 Label3, 进行多重选定, 同时设置 BackColor, ForeColor, FontName, FontSize, FontBold 等属性, 设置 FontSize 为:12, AutoSize 为:. T. 。以观察这些属性对控件外观的影响。

9. 设置 Label1 的 AutoSize 和 WordWrap 属性值均为:. T. , 在表单上用鼠标调整 Label1 的大小, 观察 AutoSize 和 WordWrap 对标签控件外观的影响; 再重新设置 Label1 的 AutoSize 和 WordWrap 属性值分别为:. F. 和. T. , 在表单上用鼠标调整 Label1 的大小, 观察影响效果。标签设计效果如图 2-10-4 所示。

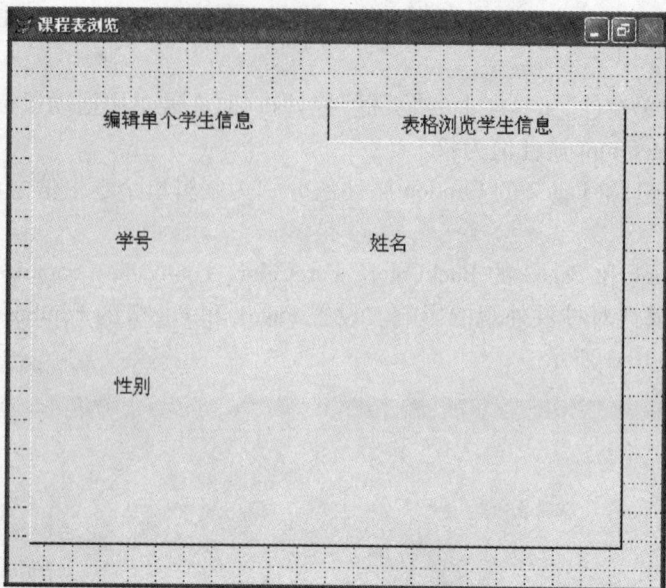

图 2-10-4 标签设计效果

10. 在"属性"窗口中选择 Page1，利用"表单控件"工具栏上的"文本框"控件按钮向 Page1 中添加一个文本框 Text1，选择设置其 ControlSource 属性为：xs.xh。

11. 继续添加两个文本框控件，分别设置 ControlSource 属性为：xs.xm 和 xs.xb。

12. 多重选定三个文本框，设置 BackColor，ForeColor，FontName，FontSize，Font-Bold，Alignment，BorderStyle，BackStyle 等属性，设置 FontSize 为：12。观察这些属性对控件外观的影响。

13. 单击"常用"工具栏的"运行"（红色感叹号）按钮或者右击表单空白处，选择"执行表单"，保存表单文件，文件名为：xsbj2.scx，观察这些属性设置对表单的运行效果的影响。标签文本框设计运行效果如图 2-10-5 所示。

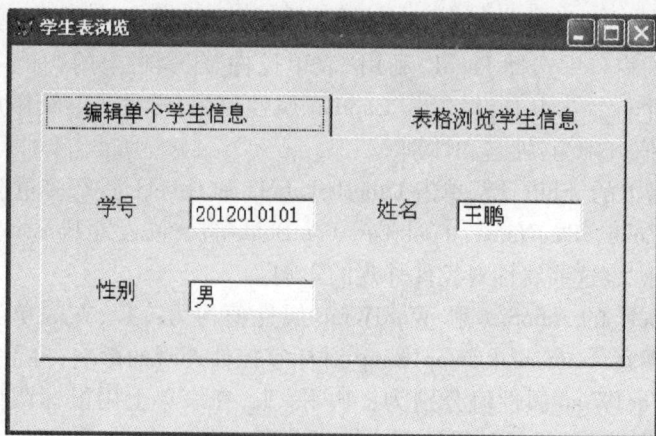

图 2-10-5 标签文本框设计运行效果

14. 单击"常用"工具栏的"修改表单"按钮,或者单击表单右上角"关闭"按钮,返回表单设计器。

15. 在"属性"窗口中选择 Page1,添加一个标签 Label4,设置其 Caption 属性值为:备注,设置 FontSize 为:12, AutoSize 为:. T. 。利用"表单控件"工具栏上的"编辑框"控件按钮向 Page1 中添加一个编辑框 EditBox1,设置其 ControlSource 属性为:bz 字段,FontSize 为:12。设置 EditBox1 的 ScrollBars 属性,并观察属性对控件外观的影响。

16. 单击"常用"工具栏的"运行"(红色感叹号)按钮或者右击表单空白处,选择"执行表单",编辑框设计运行效果如图 2-10-6 所示。

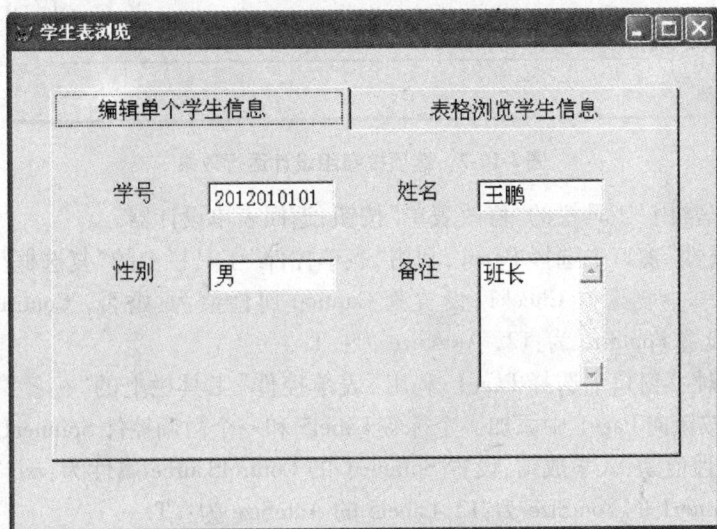

图 2-10-6   编辑框设计运行效果

17. 单击"常用"工具栏的"修改表单"按钮,返回表单设计器,关闭表单设计器。

18. 如果表单需要修改,在 xkxt 项目管理器中,单击"文档"页面中"表单"前面的" + ",单击 xsbj2 文件名,再单击"修改"按钮,打开表单设计器,修改表单,然后保存再运行。

（三）选项按钮组、复选框和微调控件的使用

1. 在 xkxt 项目管理器中,单击"文档"页面中"表单"前面的" + ",单击 xsbj2 文件名,再单击"修改"按钮,可以打开表单设计器,修改表单。

2. 在"属性"窗口中选择 Page1,右击文本框 Text3,选择"剪切"按钮。单击"表单控件"工具栏上的"选项按钮组"控件按钮,在表单中拖动鼠标,添加一个选项按钮组 OptionGroup1,右击该选项按钮组,选择"生成器",设置其按钮数目（ButtonCount）为:2,两个按钮的标题（Caption）分别为:男和女,值（选项按钮组的 ControlSource）为:xs. xb。设置 Option1 和 Option2 的 FontSize 为:12,OptionGroup1,Option1 和 Option2 的 AutoSize 为:. T. 。

3. 单击"常用"工具栏的"运行"(红色感叹号)按钮或者右击表单空白处,选择"执行表单",选项按钮组设计运行效果如图 2-10-7 所示。

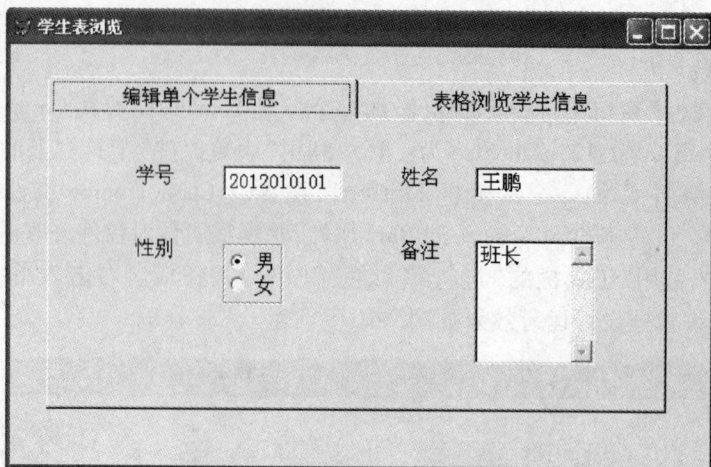

图 2-10-7　选项按钮组设计运行效果

4. 单击"常用"工具栏的"修改表单"按钮,返回表单设计器。

5. 在"属性"窗口中选择 Page1,利用"表单控件"工具栏上的"复选框"控件按钮向 Page1 中添加一个复选框 Check1,设置其 Caption 属性值为:婚否,ControlSource 属性为:hf 字段,设置 FontSize 为:12,AutoSize 为:.T.。

6. 在"属性"窗口中选择 Page1,利用"表单控件"工具栏上的"标签"控件按钮和"微调控件"按钮向 Page1 中添加一个标签 Label5 和一个微调控件 Spinner1,设置Label5 的 Caption 属性值为:入学成绩,设置 Spinner1 的 ControlSource 属性为:rxcj 字段。设置 Label5 和 Spinner1 的 FontSize 为:12,Label5 的 AutoSize 为:.T.。

7. 单击"常用"工具栏的"运行"(红色感叹号)按钮或者右击表单空白处,选择"执行表单"。复选框和微调框设计运行效果如图 2-10-8 所示。

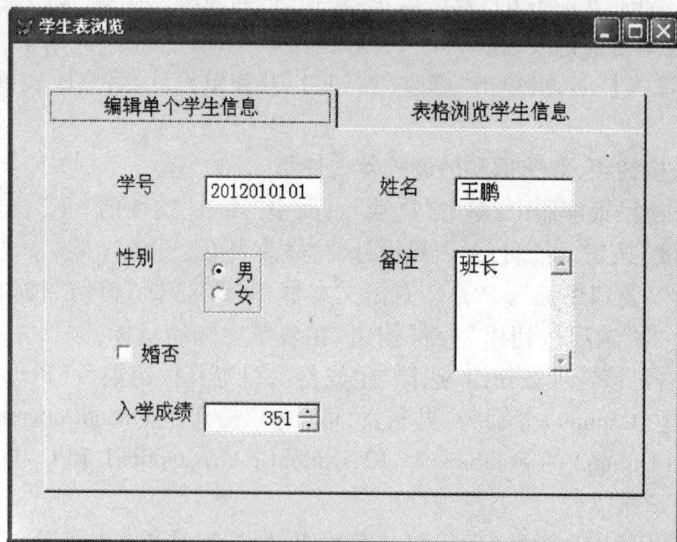

图 2-10-8　复选框和微调框设计运行效果

8. 单击"常用"工具栏的"修改表单"按钮,或者单击表单右上角"关闭"按钮,返回表单设计器,关闭表单设计器。

9. 如果表单需要修改,在 xkxt 项目管理器中,单击"文档"页面中"表单"前面的"＋",单击 xsbj2 文件名,再单击"修改"按钮,打开表单设计器,修改表单,然后保存再运行。

（四）命令按钮和命令按钮组的使用

1. 在 xkxt 项目管理器中,单击"文档"页面中"表单"前面的"＋",单击 xsbj2 文件名,再单击"修改"按钮,打开表单设计器,修改表单。

2. 在"属性"窗口中选择 Page1,单击"表单控件"工具栏上的"命令按钮"控件按钮,在表单中拖动鼠标,添加一个命令按钮 Command1,在属性窗口中设置其 Caption 属性为:退出(\＜Y), FontSize 为:12。

3. 双击 Command1,打开"代码"窗口,在"Command1"对象的"Click"过程中输入以下命令:

```
sure = MESSAGEBOX('确定要退出吗?',4 +256 +32,'确认窗口')
IF sure = 6
    ThisForm.Release
ENDIF
```

4. 关闭"代码"窗口,单击"常用"工具栏的"运行"(红色感叹号)按钮或者右击表单空白处,选择"执行表单"。观察运行结果,单击"退出"按钮或者使用访问键 Alt ＋Y,命令按钮设计运行效果如图 2-10-9 所示。

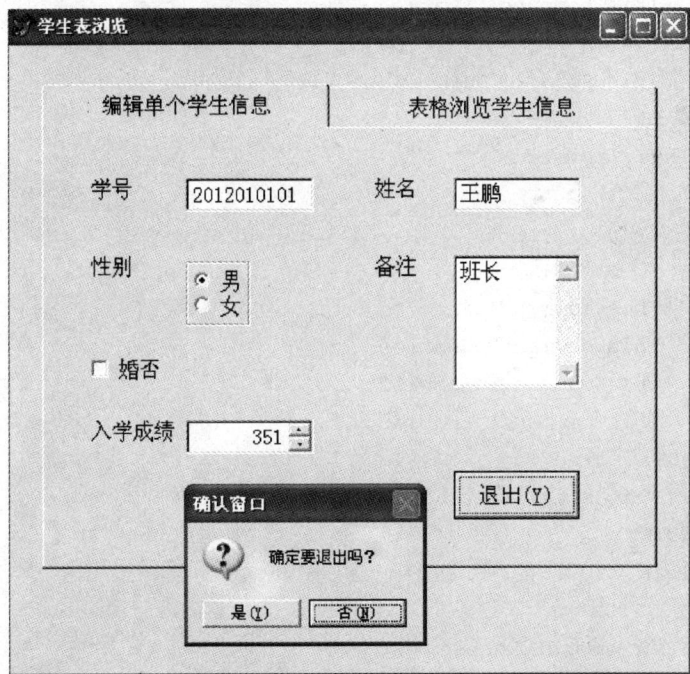

图 2-10-9　命令按钮设计运行效果

5. 单击"是",结束表单运行,返回表单设计器。

6. 在"属性"窗口中选择 Page1,单击"表单控件"工具栏上的"命令按钮组"控件按钮,在表单中拖动鼠标,添加一个命令按钮组 CommandGroup1,右击该命令按钮组,选择"生成器",设置其按钮数目(ButtonCount)为:4,4 个按钮的标题(Caption)分别为:首记录、上一个、下一个、末记录,按钮布局为:水平。

7. 双击 CommandGroup1,打开"代码"窗口,在"CommandGroup1"对象的"Click"过程中输入以下命令:

```
DO CASE
CASE This.Value = 1
    GO TOP
    This.command1.Enabled = .f.
    This.command2.Enabled = .f.
    This.command3.Enabled = .t.
    This.command4.Enabled = .t.
CASE This.Value = 2
    SKIP -1
    IF BOF()
        GO TOP
        This.command1.Enabled = .f.
        This.command2.Enabled = .f.
        This.command3.Enabled = .t.
        This.command4.Enabled = .t.
    ELSE
        This.Setall('Enabled',.t.)
    ENDIF
CASE This.Value = 3
    SKIP
    IF EOF()
        GO BOTTOM
        This.command1.Enabled = .t.
        This.command2.Enabled = .t.
        This.command3.Enabled = .f.
        This.command4.Enabled = .f.
    ELSE
        This.SetAll('Enabled',.t.)
    ENDIF
CASE This.Value = 4
    GO BOTTOM
    This.command1.Enabled = .t.
    This.command2.Enabled = .t.
    This.command3.Enabled = .f.
```

```
        This.command4.Enabled = .f.
    ENDCASE
    ThisForm.Refresh
```

8. 关闭"代码"窗口,单击"常用"工具栏的"运行"(红色感叹号)按钮或者右击表单空白处,选择"执行表单"。单击各命令按钮,观察运行结果。命令按钮组设计运行效果如图2-10-10所示。

9. 单击"常用"工具栏的"修改表单"按钮,或者单击表单右上角"关闭"按钮,返回表单设计器,关闭表单设计器。

10. 如果表单需要修改,在xkxt项目管理器中,单击"文档"页面中"表单"前面的"+",单击xsbj2文件名,再单击"修改"按钮,打开表单设计器,修改表单,然后保存再运行。

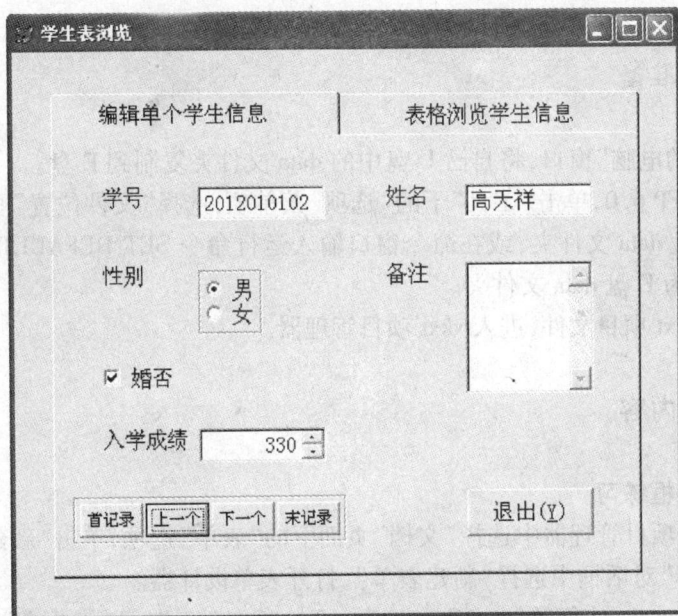

图2-10-10 命令按钮组设计运行效果

(五) 退出 VFP

在"我的电脑"窗口中,将E盘的data文件夹复制到自己的U盘中。

实验十一　表单设计（二）

一、实验目的

通过本次实验,掌握表单中列表框、组合框、计时器和表格等控件的使用;掌握子类的创建方法。

二、实验准备

1. 在"我的电脑"窗口,将自己 U 盘中的 data 文件夹复制到 E 盘。

2. 运行 VFP 6.0,单击"工具"下的"选项"菜单项,选择"文件位置"页面,修改"默认目录"为 E 盘 data 文件夹;或在命令窗口输入运行命令 SET DEFAULT TO E:\data,设置默认路径为 E 盘 data 文件夹。

3. 打开 xkxt 项目文件,进入 xkxt 项目管理器。

三、实验内容

（一）列表框练习

1. 在 xkxt 项目管理器中选择"文档"页面下的"表单"选项,单击"新建"按钮,在出现的"新建表单"对话框中选择"新建表单",打开表单设计器。

2. 设置 Form1 对象的 AutoCenter 为:. T. , Caption 为:列表框组合框练习一,Height 为:500,Width 为:600。

3. 单击"表单控件"工具栏上的"列表框"控件按钮,在表单中拖动鼠标,添加一个列表框 List1,并设置其 RowSourceType 为:0。

4. 双击 Form1 对象,打开"代码"窗口,在"Form1"对象的"Init"过程中输入以下命令:

```
ThisForm.list1.AddItem('A')
ThisForm.list1.AddItem('B')
ThisForm.list1.AddItem('C')
ThisForm.list1.AddItem('D')
ThisForm.list1.AddItem('E')
ThisForm.list1.AddItem('F')
```

5. 关闭"代码"窗口,单击"常用"工具栏的"运行"（红色感叹号）按钮或者右击表单空白处,选择"执行表单",保存表单文件,文件名为:lbkzhk1.scx,并观察运行结果。

6. 单击"常用"工具栏的"修改表单"按钮,或者单击表单右上角"关闭"按钮,返回表单设计器。

7. 单击"表单控件"工具栏上的"命令按钮"控件按钮,在表单中拖动鼠标,添加一个命令按钮 Command1,设置其 Caption 属性为:去掉选中的列项。

8. 双击 Command1,打开"代码"窗口,在"Command1"对象的"Click"过程中输入以下命令:

```
a1 = ThisForm.list1.ListIndex
ThisForm.list1.RemoveItem(a1)
```

9. 关闭"代码"窗口,单击"常用"工具栏的"运行"(红色感叹号)按钮或者右击表单空白处,选择"执行表单"。单击列表框中的"C",单击"去掉选中的列项"按钮,列表框设计运行效果如图 2-11-1 所示。

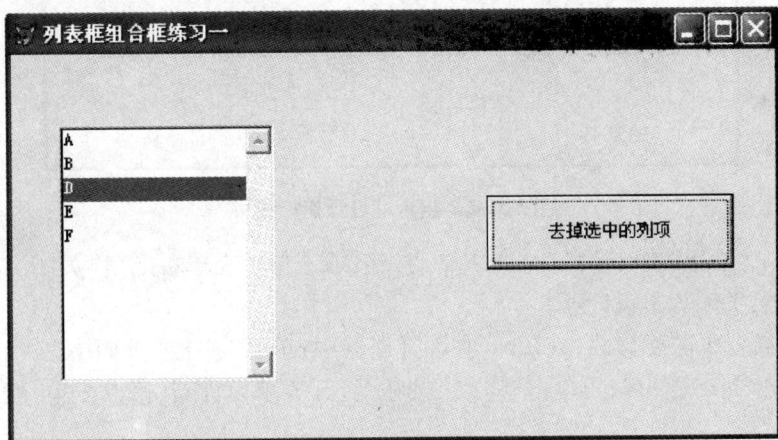

图 2-11-1 列表框设计运行效果

10. 如果表单需要修改,在 xkxt 项目管理器中,单击"文档"页面中"表单"前面的"+",单击 lbkzhk1 文件名,再单击"修改"按钮,打开表单设计器,修改表单,然后保存再运行。

(二)组合框练习

1. 在 xkxt 项目管理器中,单击"文档"页面中"表单"前面的"+",单击 xsbj2 文件名,再单击"修改"按钮,打开表单设计器,修改表单。

2. 在"属性"窗口中选择 Page1,右击标签控件"性别"右边的选项按钮组 OptionGroup1,选择"剪切"按钮。单击"表单控件"工具栏上的"组合框"控件按钮,在表单中拖动鼠标,添加一个组合框 Combo1,设置其 FontSize 属性值为:12,Style 属性值为:2-下拉列表框, ControlSource 为:xs. xb, RowSourceType 为:1 - 值, RowSource 为:男,女。

3. 单击"常用"工具栏的"运行"(红色感叹号)按钮或者右击表单空白处,选择"执行表单"。单击"性别"后面的组合框,进行性别的设置,观察运行结果。组合框设计运行效果如图 2-11-2 所示。

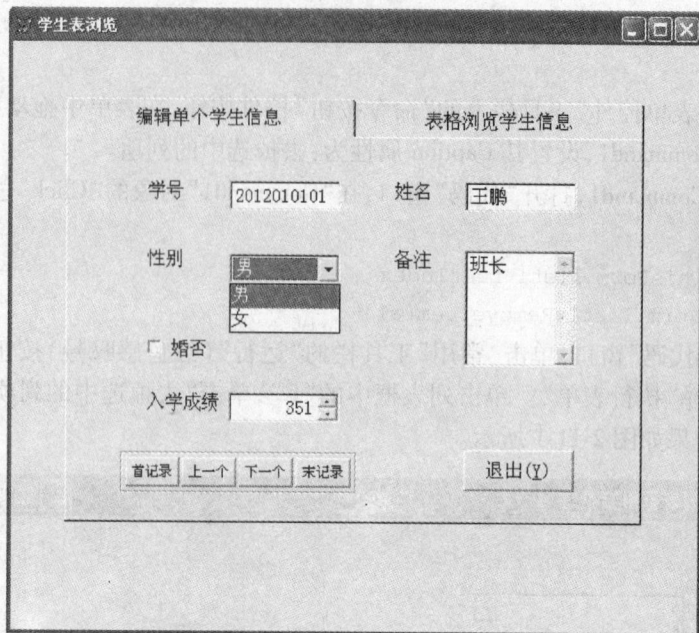

图 2-11-2 组合框设计运行效果

4. 单击"常用"工具栏的"修改表单"按钮,或者单击表单右上角"关闭"按钮,返回表单设计器,关闭表单设计器。

5. 如果表单需要修改,在 xkxt 项目管理器中,单击"文档"页面中"表单"前面的"＋",单击 xsbj2 文件名,再单击"修改"按钮,打开表单设计器,修改表单,然后保存再运行。

（三）利用组合框列表框进行查询

1. 在 xkxt 项目管理器中选择"文档"页面中的"表单"选项,单击"新建"按钮,在出现的"新建表单"对话框中选择"新建表单",打开表单设计器。

2. 设置 Form1 对象的 AutoCenter 为:. T. , Caption 为:列表框组合框练习二,Height 为:500,Width 为:600。

3. 利用"表单控件"工具栏上的"标签"控件按钮向表单中添加两个标签 Label1 和 Labe2,设置 FontSize 为:12,设置其 Caption 属性值分别为:请选择课程号:和所有选择该课程的成绩情况:。

4. 分别利用"表单控件"工具栏上的"组合框"和"列表框"控件按钮,在表单中添加一个组合框 Combo1 和一个列表框 List1,设置 Combo1 的列数(ColumnCount)为:2,RowSourceType 为:3 - SQL 语句, RowSource 为:

```
SELECT DISTINCT cj.kch,kc.kcm FROM cj,kc;
    WHERE cj.kch = kc.kch INTO CURSOR lx1
```

5. 双击 Combo1 对象,打开"代码"窗口,在"Combo1"对象的"InteractiveChange"过程中输入以下命令:

```
x1 = This.Value
```

```
ThisForm.list1.ColumnCount = 3
ThisForm.list1.RowSourcetype = 3
ThisForm.list1.RowSource = 'SELECT cj.xh,xs.xm,cj.cj FROM xs,cj;
    WHERE xs.xh = cj.xh and cj.kch = x1 INTO CURSOR lx2'
ThisForm.Refresh
```

6. 单击"常用"工具栏的"运行"(红色感叹号)按钮或者右击表单空白处,选择"执行表单",保存表单文件,文件名为:lbkzhk2. scx。单击"请选择课程号:"下面的组合框,可以进行课程的选择,观察运行结果。列表框组合框设计运行效果如图 2-11-3所示。

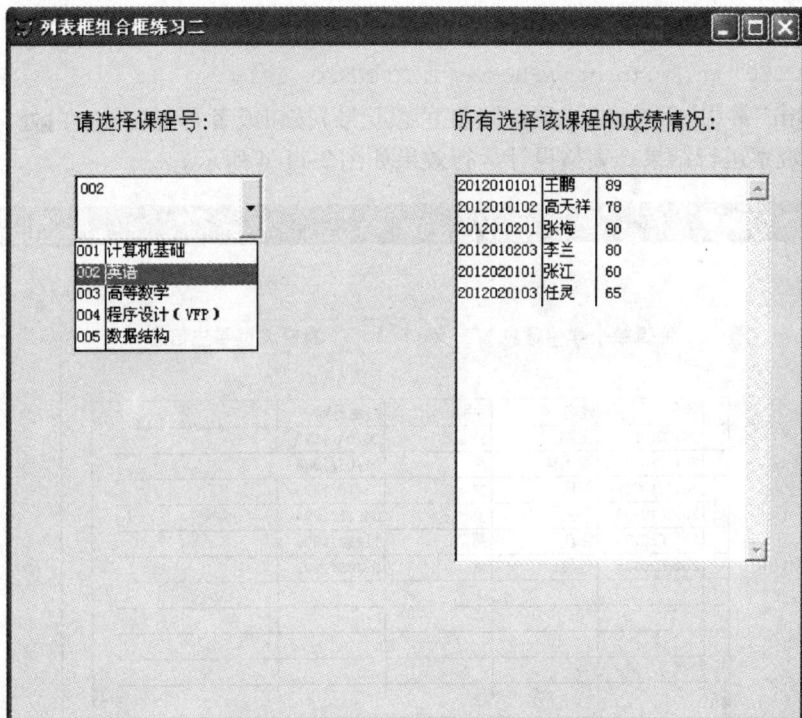

图 2-11-3 列表框组合框设计运行效果

7. 单击"常用"工具栏的"修改表单"按钮,或者单击表单右上角"关闭"按钮,返回表单设计器,关闭表单设计器。

8. 如果表单需要修改,在 xkxt 项目管理器中,单击"文档"页面中"表单"前面的"+",单击 lbkzhk2 文件名,再单击"修改"按钮,打开表单设计器,修改表单,然后保存再运行。

(四) 表格的使用

1. 在 xkxt 项目管理器中,单击"文档"页面中"表单"前面的"+",单击 xsbj2 文件名,再单击"修改"按钮,可以打开表单设计器,修改表单。

2. 在"属性"窗口中选择 Page2,单击"表单控件"工具栏上的"表格"控件按钮,在表单中拖动鼠标,添加一个表格 Grid1,设置其 RecordSource 为:xs 表。

3. 单击"常用"工具栏的"运行"(红色感叹号)按钮或者右击表单空白处,选择"执行表单",观察效果。

4. 单击"常用"工具栏的"修改表单"按钮,或者单击表单右上角"关闭"按钮,返回表单设计器。

5. 在"属性"窗口设置表格 Grid1 的 ColumnCount 属性为:4,分别设置各 Column 下的 Header1 的 Caption 属性值为:学号、姓名、性别、出生日期。

6. 单击"常用"工具栏的"运行"(红色感叹号)按钮或者右击表单空白处,选择"执行表单",观察效果。

7. 单击"常用"工具栏的"修改表单"按钮,或者单击表单右上角"关闭"按钮,返回表单设计器。

8. 设置表格 Grid1 的 RecordSourceType 为:4 - SQL 说明, RecordSource 为:

```
SELECT xh,xm,xb,csrq FROM xs INTO CURSOR lx3
```

9. 单击"常用"工具栏的"运行"(红色感叹号)按钮或者右击表单空白处,选择"执行表单",观察运行结果。表格设计运行效果如图 2-11-4 所示。

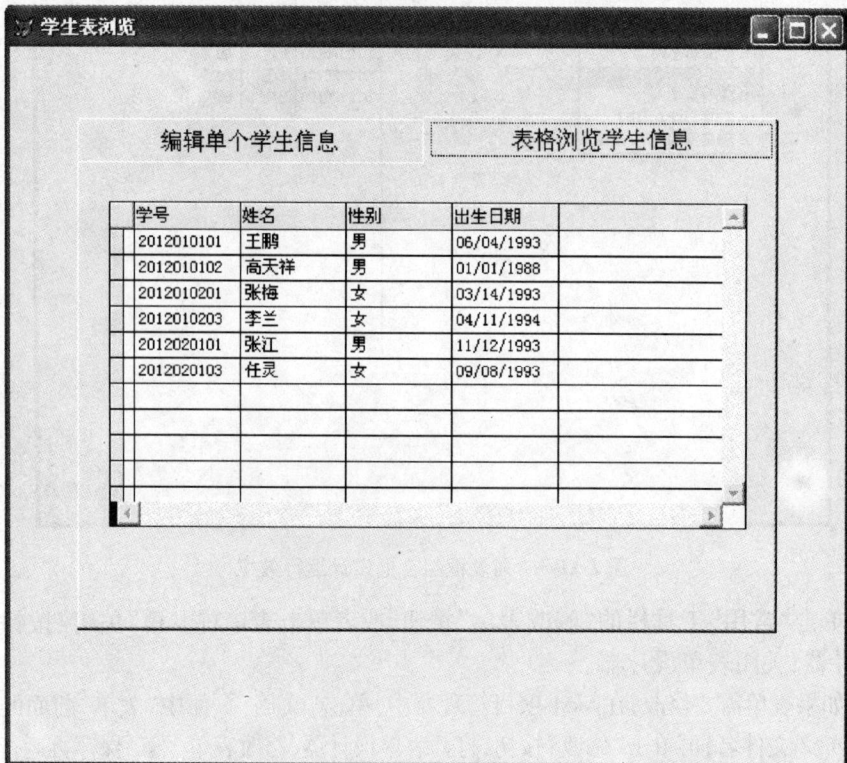

图 2-11-4　表格设计运行效果

10. 单击"常用"工具栏的"修改表单"按钮,或者单击表单右上角"关闭"按钮,返回表单设计器。

11. 设置表格的 DeleteMark 为:. F. 。

12. 单击"常用"工具栏的"运行"(红色感叹号)按钮或者右击表单空白处,选择

"执行表单",观察效果图与图2-11-4有何不同。

13. 单击"常用"工具栏的"修改表单"按钮,或者单击表单右上角"关闭"按钮,返回表单设计器,关闭表单设计器。

14. 如果表单需要修改,在xkxt项目管理器中,单击"文档"页面中"表单"前面的" + ",单击xsbj2文件名,再单击"修改"按钮,打开表单设计器,修改表单,然后保存再运行。

(五)计时器的使用

1. 在xkxt项目管理器中选择"文档"页面中的"表单"选项,单击"新建"按钮,在出现的"新建表单"对话框中选择"新建表单",打开表单设计器。

2. 设置Form1对象的AutoCenter为:.T.,Caption为:计时器练习,Height为:500,Width为:600。

3. 单击"表单控件"工具栏上的"计时器"控件按钮,在表单中拖动鼠标,添加一个计时器控件Timer1,并设置其Interval属性值为:1000,Enabled属性值为:.F.。

4. 利用"表单控件"工具栏上的"标签"控件按钮和"文本框"控件按钮向表单中添加一个标签Label1和Text1,设置Label1的Caption属性值为:计时时间,FontSize为:12,AutoSize为:.T.,设置Text1的Value属性值为:0。

5. 利用"表单控件"工具栏上的"命令按钮"控件按钮,在表单中添加3个命令按钮Command1、Command2和Command3,设置其Caption属性分别为:计时开始、计时停止、计时清零。

6. 双击Form1对象,打开"代码"窗口,在"Command1"对象的"Click"过程中输入以下命令:

```
ThisForm.timer1.Enabled = .t.
ThisForm.command3.Enabled = .f.
```

7. 在"代码"窗口中,在"Command2"对象的"Click"过程中输入以下命令:

```
ThisForm.timer1.Enabled = .f.
ThisForm.command3.Enabled = .t.
```

8. 在"代码"窗口中,在"Command3"对象的"Click"过程中输入以下命令:

```
ThisForm.text1.Value = 0
```

9. 在"代码"窗口中,在"Timer1"对象的"Timer"过程中输入以下命令:

```
ThisForm.text1.Value = ThisForm.text1.Value + 1
```

10. 单击"常用"工具栏的"运行"(红色感叹号)按钮或者右击表单空白处,选择"执行表单",保存表单文件,文件名为:jsq.scx,观察运行结果。计时器设计运行效果如图2-11-5所示。

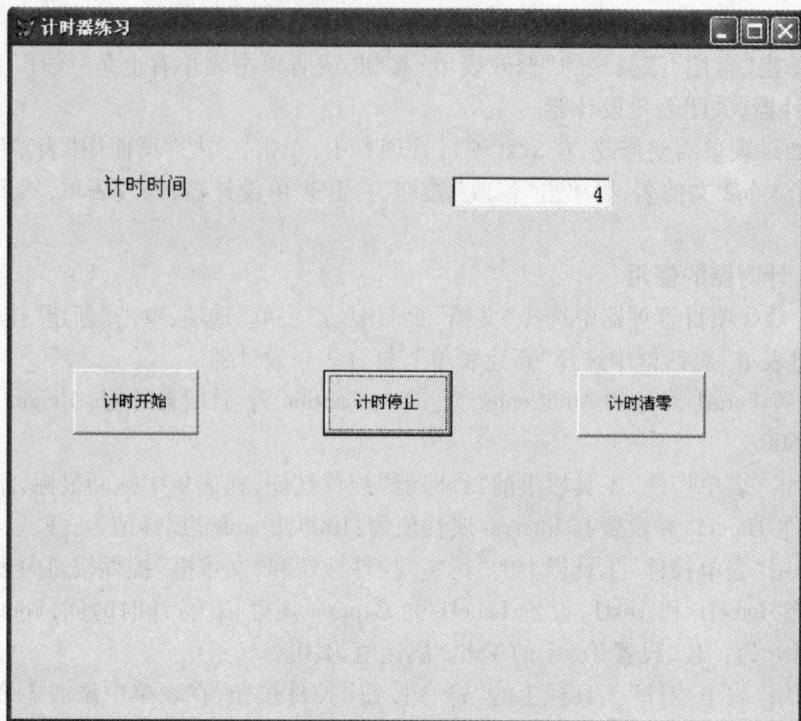

图 2-11-5　计时器设计运行效果

11. 单击"常用"工具栏的"修改表单"按钮,或者单击表单右上角"关闭"按钮,返回表单设计器,关闭表单设计器。

12. 如果表单需要修改,在 xkxt 项目管理器中,单击"文档"页面中"表单"前面的"＋",单击 jsq 文件名,再单击"修改"按钮,打开表单设计器,修改表单,然后保存再运行。

（六）创建并使用子类

1. 在 xkxt 项目管理器中选择"类"页面,单击"新建"按钮,出现"新建类"对话框。在"类名"后输入:tuichu,在"派生于"后面选择:CommandButton,在"存储于"后面输入:mylk,如图 2-11-6 所示。单击"确定"按钮,打开类设计器。

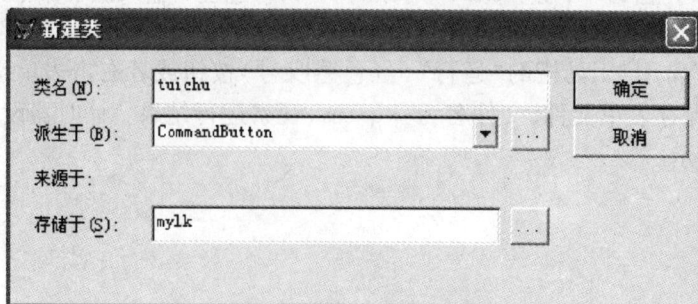

图 2-11-6　新建类对话框

2. 在"属性"窗口,设置其 Caption 属性为:退出。

3. 双击 tuichu 对象,打开"代码"窗口,在"tuichu"对象的"Click"过程中输入以下命令:

```
qx = MESSAGEBOX('确定要退出吗?',4 +256 +32,'确认窗口')
IF qx = 6
    ThisForm.Release
ENDIF
```

4. 关闭类设计器,保存退出子类设计。

5. 在 xkxt 项目管理器中,单击"文档"页面中"表单"前面的" + ",单击 xsbj2 文件名,再单击"修改"按钮,可以打开表单设计器,修改表单。

6. 在"属性"窗口中选择 Page2,单击"表单控件"工具栏上的"查看类"按钮,单击"添加",打开 mylk. vcx,再单击控件工具栏上的"tuichu"按钮,在表单中拖动鼠标,添加一个退出按钮 tuichu1,如图 2-11-7 所示。

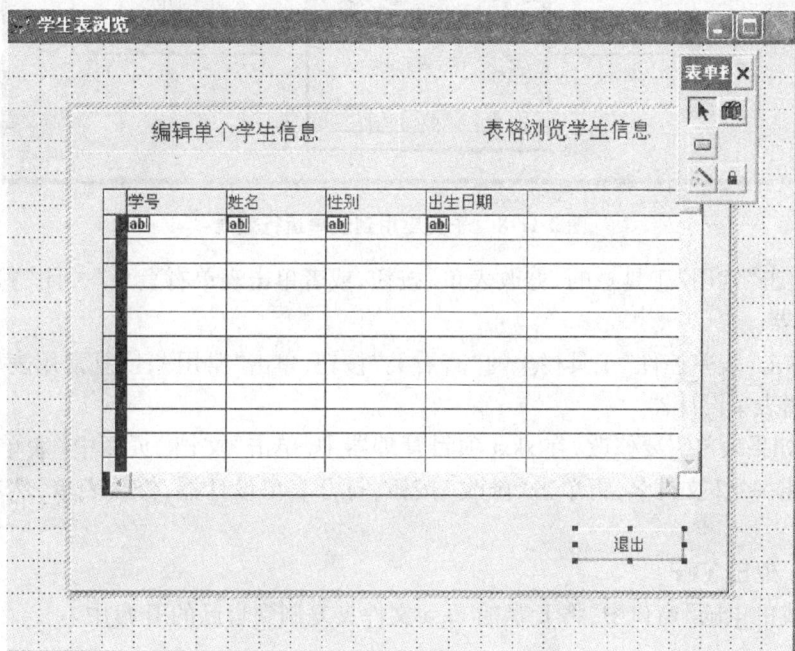

图 2-11-7 子类应用到表单

7. 单击"常用"工具栏的"运行"(红色感叹号)按钮或者右击表单空白处,选择"执行表单",观察运行结果。单击"退出"按钮,子类应用到表单运行效果如图 2-11-8 所示。

图 2-11-8　子类应用到表单运行效果

8. 单击"常用"工具栏的"修改表单"按钮,或者单击表单右上角"关闭"按钮,返回表单设计器。

9. 单击"表单控件"工具栏上的"查看类"按钮,单击"常用",恢复常用表单控件工具栏,关闭表单设计器。

10. 如果表单需要修改,在 xkxt 项目管理器中,单击"文档"页面中"表单"前面的"＋",单击 xsbj2 文件名,再单击"修改"按钮,打开表单设计器,修改表单,然后保存再运行。

（七）退出 VFP

在"我的电脑"窗口中,将 E 盘的 data 文件夹复制到自己的 U 盘中。

实验十二 菜单的设计

一、实验目的

通过本次实验,掌握一般菜单、SDI 菜单和快捷菜单的创建和使用。

二、实验准备

1. 在"我的电脑"窗口,将自己 U 盘中的 data 文件夹复制到 E 盘。

2. 运行 VFP 6.0,单击"工具"下的"选项"菜单项,选择"文件位置"页面,修改"默认目录"为 E 盘 data 文件夹;或在命令窗口输入运行命令 SET DEFAULT TO E:\data,设置默认路径为 E 盘 data 文件夹。

3. 打开 xkxt 项目文件,进入 xkxt 项目管理器。

三、实验内容

(一)一般菜单的创建

1. 在 xkxt 项目管理器中选择"其他"页面下的"菜单",在"新建菜单"对话框中单击"菜单"按钮,打开菜单设计器。

2. 设置菜单栏,在菜单名称下依次输入"系统管理"、"浏览"和"查询",如图 2-12-1所示。

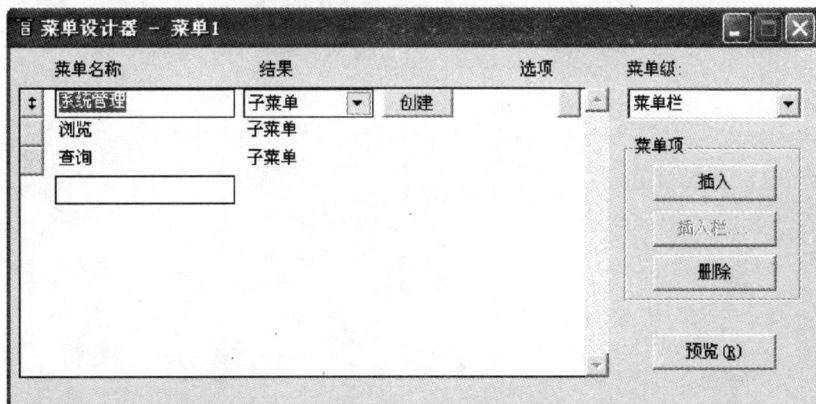

图 2-12-1 菜单设计器

3. 选择"系统管理"的菜单栏的结果为"子菜单",单击右边的"创建"按钮,进入子菜单设计页面。单击"插入栏"按钮,分别插入"新建"、"打开"和"工具栏"3 项系统菜单项,结果如图 2-12-2 所示。

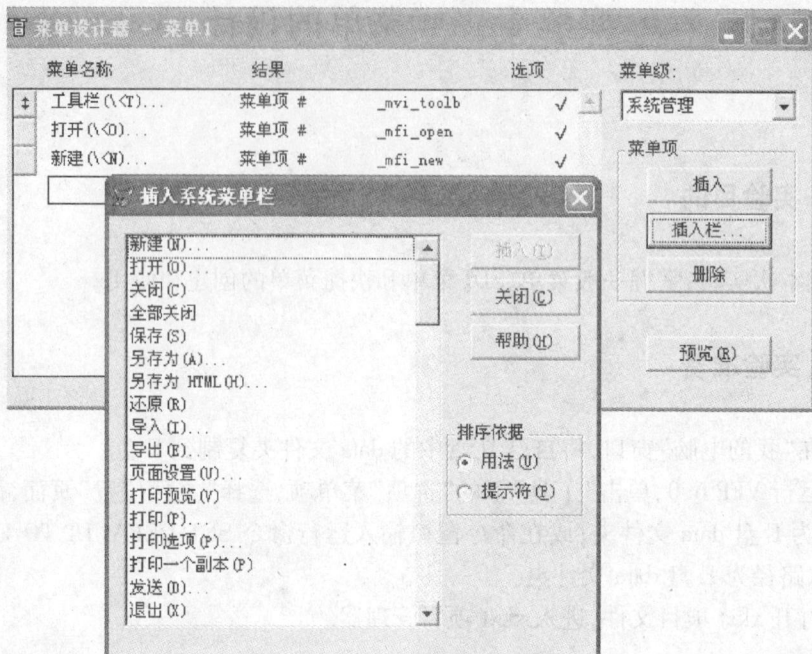

图 2-12-2　插入系统菜单项

4. 继续给"系统管理"添加子菜单项"退出系统",结果选择"命令",在右边的文本框中输入:

```
SET SYSMENU TO DEFAULT
```

5. 在"退出系统"菜单项上面插入一新菜单项,并输入菜单名为:\-,以插入一条分组线,设计效果如图 2-12-3 所示。

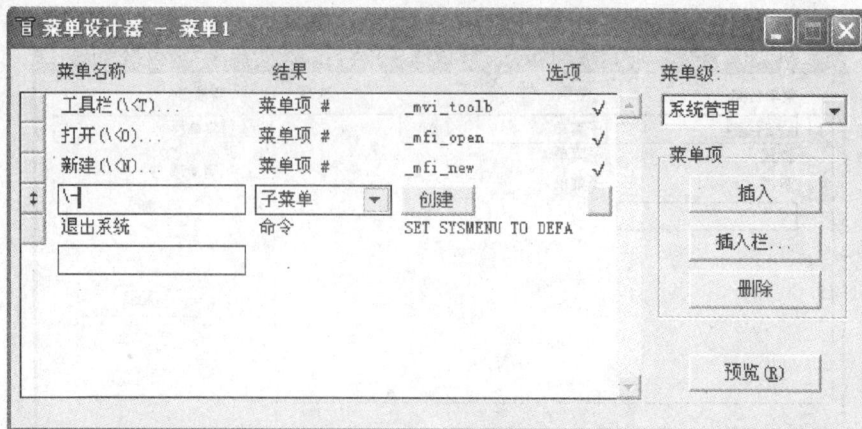

图 2-12-3　插入分组线

6. 单击"预览"按钮,效果如图 2-12-4 所示。

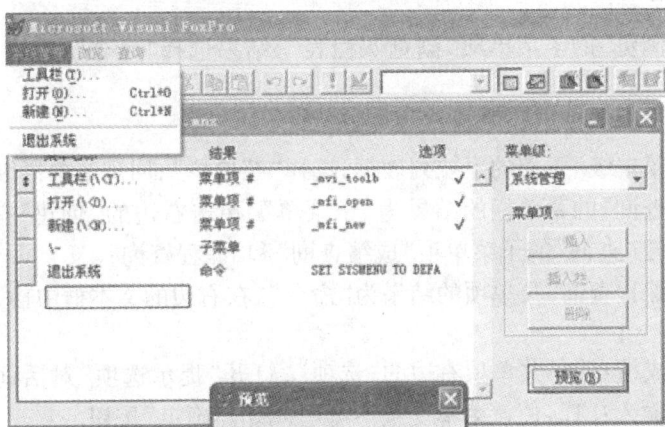

图 2-12-4　预览效果

7. 单击"确定"按钮退出预览。

8. 单击"菜单级"下面的下拉列表框,选择"菜单栏",回到菜单栏级别。

9. 选择"浏览"的菜单栏的结果为"子菜单",单击右边的"创建"按钮,进入子菜单设计页面,创建"浏览"的子菜单项"浏览学生表"。

10. 修改"浏览学生表"菜单项的菜单名为:浏览学生表(\<B),为其设置访问键"B"。

11. 单击"浏览学生表"菜单项右边的"选项",打开"提示选项"对话框,单击"键标签"右边的文本框,在键盘上同时按下[Ctrl]+[B],为其设置快捷键[Ctrl]+[B],单击"确定"按钮。设计方法如图 2-12-5 所示。

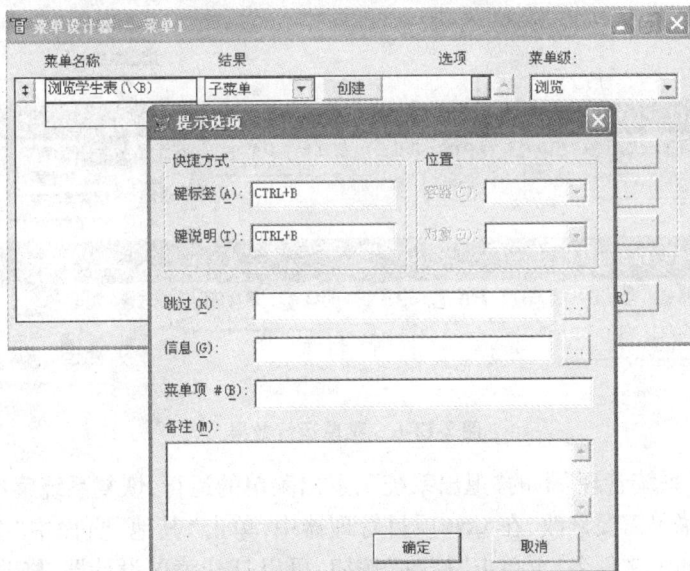

图 2-12-5　提示选项对话框

12. 设置"浏览学生表"的结果为"命令",在右边的文本框中输入:

```
DO FORM xsbj2
```

13. 创建"浏览"的子菜单项"浏览课程表",结果选择"命令",在右边的文本框中输入:

```
SELECT * FROM kc
```

14. 单击"菜单级"下面的下拉列表框,选择"菜单栏",回到菜单栏级别。

15. 选择"查询"的菜单栏的结果为"子菜单",单击右边的"创建"按钮,进入子菜单设计页面,创建"查询"的子菜单项"成绩查询"和"课程查询"。

16. 设置"课程查询"菜单项的结果为"命令",在右边的文本框中输入命令:

```
DO kccx.qpr
```

17. 单击"成绩查询"菜单项右边的"选项",打开"提示选项"对话框,单击"跳过"右边的文本框,输入:.T.,使该菜单变灰不可用,单击"确定"按钮。

18. 单击 VFP 系统菜单"显示"下的"常规选项",打开"常规选项"对话框,在"位置"下面单击"追加"项,使得设计的菜单在运行时添加到 VFP 系统菜单的后面。

19. 单击 VFP 系统菜单"菜单"下的"生成",单击"是"按钮,打开"另存为"对话框,输入文件名:menu1.mnx,单击"保存"按钮,再单击"生成"按钮,生成 menu1.mpr,然后关闭菜单设计器。

20. 在 xkxt 项目管理器中,单击"其他"页面中"菜单"前面的"+",单击 menu1 文件名,再单击"运行"按钮,菜单运行效果如图 2-12-6 所示。

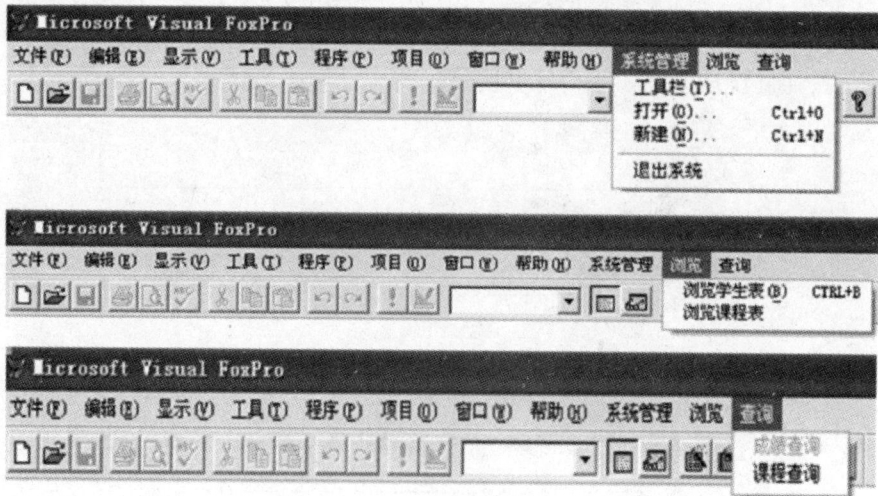

图 2-12-6 菜单运行效果

21. 单击"系统管理"下的"退出系统",退出菜单的运行,恢复系统菜单。

22. 如果菜单需要修改,在 xkxt 项目管理器中,单击"其他"页面中"菜单"前面的"+",单击 menu1 文件名,再单击"修改"按钮,可以打开菜单设计器,修改完菜单后需要重新单击 VFP 系统菜单"菜单"下的"生成"按钮,重新生成 menu1.mpr。关闭菜单设计器,运行菜单,检查修改后的情况。

（二）SDI 菜单的创建和使用

1. 在 xkxt 项目管理器中，单击"其他"页面中"菜单"前面的"＋"，单击 menu1 文件名，再单击"修改"按钮，可以打开菜单设计器。

2. 单击 VFP 系统菜单"文件"下的"另存为"按钮，在弹出的对话框里输入：menu2.mnx，单击"保存"按钮。

3. 单击 VFP 系统菜单"显示"下的"常规选项"，打开"常规选项"对话框，单击右下角的"顶层表单"，打勾选中顶层表单。单击"确定"按钮关闭"常规选项"对话框。

4. 单击 VFP 系统菜单"菜单"下的"生成"按钮，单击"是"，打开"生成菜单"对话框，再单击"生成"按钮，生成 menu2.mpr，然后关闭菜单设计器。

5. 在 xkxt 项目管理器中，单击"其他"页面中的"菜单"，单击"添加"，将menu2.mnx加入该项目的管理。

6. 在 xkxt 项目管理器中选择"文档"页面中的"表单"选项，单击"新建"按钮，在出现的"新建表单"对话框中选择"新建表单"，打开表单设计器。

7. 设置表单的 ShowWindow 属性为：2 - 作为顶层表单。

8. 双击表单对象，打开"代码"窗口，在"Form1"对象的"Init"过程中输入以下命令：

```
DO menu2.mpr WITH THIS,.T.
```

9. 单击"常用"工具栏的"运行"（红色感叹号）按钮或者右击表单空白处，选择"执行表单"，保存表单文件，文件名为：sdibd.scx，运行效果如图 2-12-7 所示。

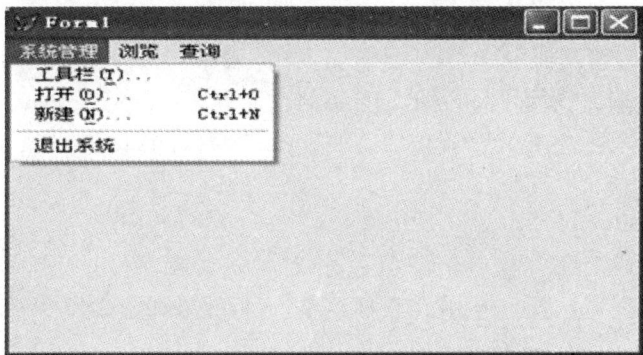

图 2-12-7　SDI 菜单加入表单运行效果

10. 单击"常用"工具栏的"修改表单"按钮，或者单击表单右上角"关闭"按钮，返回表单设计器，关闭表单设计器。

11. 如果菜单需要修改，在 xkxt 项目管理器中，单击"其他"页面中"菜单"前面的"＋"，单击 menu2 文件名，再单击"修改"按钮，可以打开菜单设计器，修改完菜单后需要重新单击 VFP 系统菜单"菜单"下的"生成"按钮，重新生成 menu2.mpr，然后关闭菜单设计器。

12. 如果表单需要修改，在 xkxt 项目管理器中，单击"文档"页面中"表单"前面的"＋"，单击 sdibd 文件名，再单击"修改"按钮，可以打开表单设计器修改表单，然后保存再运行。

（三）快捷菜单的创建和使用

1. 在 xkxt 项目管理器中，单击"其他"页面中的"菜单"，单击"新建"按钮，在"新建菜单"对话框中单击"快捷菜单"按钮，打开快捷菜单设计器。

2. 单击"插入栏"按钮，分别插入"粘贴"、"复制"和"剪切"3 项系统菜单项，如图 2-12-8 所示。

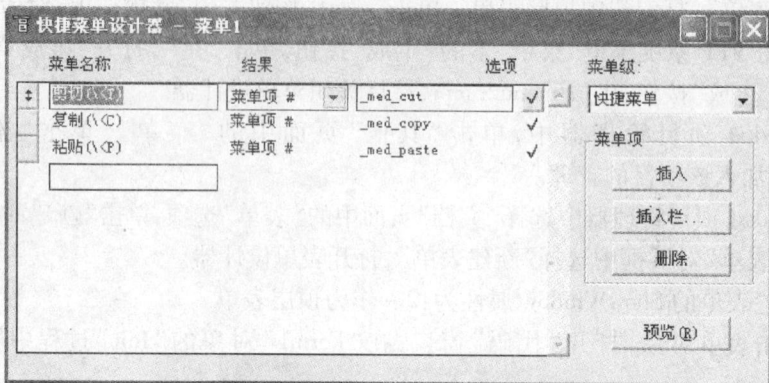

图 2-12-8　快捷菜单设计器

3. 单击 VFP 系统菜单"菜单"下的"生成"按钮，单击"是"，打开"另存为"对话框，输入文件名：menu3.mnx，单击"保存"，再单击"生成"按钮，生成 menu3.mpr，然后关闭菜单设计器。

4. 在 xkxt 项目管理器中，单击"文档"页面中"表单"前面的"＋"，单击 sdibd 文件名，再单击"修改"按钮，可以打开表单设计器修改表单。

5. 双击表单对象，打开"代码"窗口，在"Form1"对象的"RightClick"过程中输入以下命令：

```
DO menu3.mpr
```

6. 单击"常用"工具栏的"运行"（红色感叹号）按钮或者右击表单空白处，选择"执行表单"。在表单任意位置右击，弹出快捷菜单，运行效果如图 2-12-9 所示。

图 2-12-9　快捷菜单添加到表单运行效果

7. 单击"常用"工具栏的"修改表单"按钮,或者单击表单右上角"关闭"按钮,返回表单设计器,关闭表单设计器。

8. 如果菜单需要修改,在 xkxt 项目管理器中,单击"其他"页面中"菜单"前面的" + ",单击 menu3 文件名,再单击"修改"按钮,可以打开菜单设计器,修改完菜单后需要重新单击 VFP 系统菜单"菜单"下的"生成"按钮,重新生成 menu3.mpr,然后关闭菜单设计器。

9. 如果表单需要修改,在 xkxt 项目管理器中,单击"文档"页面中"表单"前面的" + ",单击 sdibd 文件名,再单击"修改"按钮,可以打开表单设计器,修改表单,然后保存再运行。

(四) 退出 VFP

在"我的电脑"窗口中,将 E 盘的 data 文件夹复制到自己的 U 盘中。

习题答案

第 1 章

1. 选择题

(1) ~ (5) A D B A B　　(6) ~ (10) A C B A B　　(11) ~ (15) A C C D A

2. 填空题

(1) 冗余　独立　　　　　　　(2) 数据库管理系统阶段

(3) 应用程序　　　　　　　　(4) 元数据

(5) 数据处理　　　　　　　　(6) 物理独立性

(7) 相同的数据在不同应用程序中出现不同的值

(8) 收集　存储　　　　　　　(9) 数据库管理系统

(10) DBMS　　　　　　　　　(11) 模式

(12) DBMS

第 2 章

1. 选择题

(1) ~ (5) A A C B C　　(6) ~ (10) D D A A B　　(11) ~ (15) C B C C B

(16) ~ (20) C C B D C　　(21) ~ (25) B C D B A

2. 填空题

(1) 完整性　　　　　　　　　(2) 关系

(3) 主关键字　　　　　　　　(4) 候选关键字

(5) 实体完整性规则　　　　　(6) 不能

(7) 3NF　　　　　　　　　　(8) 投影

(9) 实体联系方法　　　　　　(10) 属性

(11) 主关键字(或主属性)　　(12) 元组　属性

(13) 矩形　菱形　椭圆形　　(14) 课号

(15) 数据流　　　　　　　　　(16) 数据流

(17) 完整性　　　　　　　　　(18) 联接

(19) D

第 3 章

1. 选择题

(1) ~ (5) B A C A C　　(6) ~ (10) C D D C B　　(11) ~ (15) C C C B B

(16) ~ (20) D A C D C　　(21) ~ (25) C D A D C　　(26) ~ (30) D B C C C

(31) ~ (35) C D B B D　　(36) ~ (40) D A A D C　　(41) ~ (45) A A A C B

(46) B

2. 填空题

(1) RD　CD

(2) 选项

(3) js. gh

(4) s. FPT

(5) 32

(6) 8,8

(7) TO a

(8) . F.

(9) RIGHT（DTOC(csrq,1),4）

(10) USED()　20

(11) N(或数值)

(12) N 型(或数值型)

(13) 算术运算、关系运算、逻辑运算

(14) ′123456′

(15) RUN

(16) ′GOODGIRL′

(17) 2

(18) 8

(19) SET DEFAULT TO D:\data

(20) . MEM

(21) 1200　′ing′

(22) ′****36′

(23) Microsoft Visual FoxPro

(24) PUBLIC

(25) 3　RAND()

第4章

1. 选择题

(1)～(5)　B C C B C　　(6)～(10)　C D C D C　　(11)～(15)　C A B A D

(16)～(20)　C D A B D　　(21)～(25)　B C B A C　　(26)～(30)　C C B B B

(31)～(35)　C D C B C　　(36)～(40)　B C D B A　　(41)～(45)　D B C A C

(46)～(50)　D A A C A　　(51)～(55)　D A C A A　　(56)～(60)　D C C A C

(61)～(62)　B A

2. 填空题

(1) 数据库表　自由表

(2) 数据库

(3) 10

(4) TABLE　zzmm L

(5) 两　gh　csrq

(6) B

(7) 触发器(或 TRIGGER)

(8) ALTER

(9) ALTER TABLE xs DROP［COLUMN］bj

(10) IN

(11) SELECT 0

(12) AGAIN

(13) 1,2,2

(14) GO TOP

(15) . F.

(16) 王芳 已婚　6000　5

(17) 1,2,3

(18) 3

(19) 1 . F. ,1 . T. ,4,2,10 . F. ,11 . T.

(20) . T.

(21) CHECK

(22) SELECT-SQL

(23) APPEND

(24) APPEND FROM D:\新建文件夹\stu. DBF FIELDS xh,xm,xb

(25) DELETED

(26) WHERE 签订日期<｛^2002/01/01｝

(27) . TXT

(28) SET　gl<=15　jbgz+250　jbgz+400

(29) UPDATE js SET jbgz=jbgz+100 WHERE YEAR(DATE()) - YEAR(csrq)<=29

　　USE js

　　REPLACE jbgz WITH jbgz+100 FOR YEAR(DATE()) - YEAR(csrq)<=29

(30) 结构复合

(31) xb+DTOC(csrq,1)

(32) 候选关键字　　　　　　　　　　(33) 共享　独占

(34) 保守式　　　　　　　　　　　　(35) xs,E,W15

(36) TYPE DELIMITED 或者 TYPE SDF(TYPE 可省略)

(37) COUNT FOR（YEAR(DATE( )) − YEAR(csrq))< 18 TO a1
　　　SUM cj FOR cj < 60 TO a2
　　　AVERAGE（YEAR(DATE( )) − YEAR(csrq)）TO a3

(38) DTOC(gzrq, 1) + DTOC(csrq, 1)　　(39) .T.　.F.　RECCOUNT( ) + 1

(40) 本地视图　　　　　　　　　　　(41) SET DATABASE TO mydata2

(42) 前链　后链　　　　　　　　　　(43) nl >= 17 AND nl <= 26

(44) ALTER　SET CHECK

(45) 更新　SUBSTR(xh, 1, 2) >= "00" AND SUBSTR(xh, 1, 2) <= "05"

(46) 限制　忽略　　　　　　　　　　(47) 供应商 ID　供应商 ID　2

(48) 删除规则　级联　　　　　　　　(49) "TABLE"

(50) 存储过程　　　　　　　　　　　(51) DORP［COLUMN］

(52) SKIP　　　　　　　　　　　　 (53) 普通

(54) FROM

第 5 章

1. 选择题

(1) ~ (5) D A C C A　　　(6) ~ (10) D D C C D　　　(11) ~ (15) D B B C C

(16) ~ (20) C D C D A　　(21) ~ (22) D B

2. 填空题

(1) 结构化查询语言　三级　外模式　模式　内模式

(2) 数据定义　数据管理

(3) DISTINCT　将查询结果输出到临时表　将查询结果输出到表　在查询中对数据进行分组　对查询中的分组结果进行筛选　对查询结果进行排序

(4) 仓库号! = "wh1" AND 仓库号! = "wh2"

(5) GROUP

(6) 排除重复的行　ALL　1

(7) YEAR(DATE( )) − YEAR(csrq)　INTO TABLE ws

(8) COUNT(*)　AVG(jbgz)　MAX(jbgz)

(9) 0　0

(10) cj　kcdh = '01'　cj. cj DESC(或者 2 DESC)

(11) csrq >= {^1982 − 03 − 20} AND xb = '男'

(12) WHERE ximing = '信息管理系'

(13) AVG(YEAR(DATE( )) − YEAR(csrq))　1　TO FILE

(14) COUNT(*)　IIF(cj. cj < 60,1,0)　HAVING

(15) 还书日期 − 借书日期

(16) SUM(馆藏册数 * 单价)　AVG(ts. 单价)

(17) TOP 10　GROUP BY 1 ORDER BY 4

第 6 章

1. 选择题

(1)~(5)　B B A C B　　　　(6)~(10)　D C A C D　　　　(11)~(15)　B A D A C

(16)~(20)　A B A B B

2. 填空题

(1) .PRG　过程名　PROCEDURE　ENDPROC　　(2) CLEAR

(3) 300　　(4) DO CASE　cc,2　i,j

(5) yes　　(6) KROW

(7) n=1 TO 50　n=50 TO 1　STEP −1　　(8) 数据库系统

(9) 2　54　　(10) STEP −1　EXIT　GROUP BY　DROP

(11) ControlBox　This. Value　USED('klb')　ELSE

(12) i∗(i+1)　EXIT

(13) ENDCASE　AND SUBSTR(xs. xh,1,2)=nj　sqlselect

(14) .T.　LOOP　SKIP　　(15) SUBSTR(zz, c+1)

(16) TO REFERENCE　　(17) nsum+jc(n)/jc(n+1)　to x

(18) 1　m　STR(m∗n,2)　　(19) LEFT(c,1)（或 SUBSTR(c,1,1)）　RETURN p

(20) '计算机等级二级 Visual FoxPro'

第 7 章

1. 选择题

(1)~(5)　D B C D A　　　　(6)~(10)　B C B C A

2. 填空题

(1) OOP　　(2) 控件对象

(3) Destroy　　(4) ThisFormSet

(5) DATE( )　　(6) READ EVENTS　CLEAR EVENTS

(7) 容器　类　　(8) 对象

(9) 事件　　(10) Init

(11) Release ThisForm　　(12) 刷新当前活动表单

(13) 在组合框或列表框中添加一个新数据项　　(14) 从组合框或列表框中移去一个数据项

(15) 继承　多态　封装　　(16) 基类　子类

(17) 绝对　相对　ActiveControl　Parent

第 8 章

1. 选择题

(1)~(5)　B D D C B　　　　(6)~(10)　B D A B C　　　　(11)~(15)　A D D A B

(16)~(20)　D C A B C　　　　(21)~(25)　C B B D A　　　　(26) D

2. 填空题

(1) .T.　　(2) DoDefault( )　域

(3) FormCount　　(4) SetFocus　GotFocus

(5) 类库　.VCX　　(6) .F.　.T.　江苏省普通高校计算机等级考试

(7) 浅蓝色　　(8) PasswordChar　ReadOnly

(9) Enabled　　(10) 备注

(11) 逻辑　数值 (12) 表格
(13) ActivePage (14) Interval
(15) 0　99 (16) RowSourceType　ControlSource　Value
(17) 下拉列表框　下拉组合框 (18) ThisForm. Init( )
(19) 取消(\ < X) (20) ButtonCount
(21) 2　'C' (22) 2　Caption　ControlSource
(23) ThisForm. lst1.Value　tempx (24) InteractiveChange　4-SQL 说明
(25) kc. kcdh, kcm, kss　cjkcdh　kc　kcdh　kc. kcdh　PARENT
(26) ThisForm. text1. Value　thisForm. list1. AddItem
(27) Columns(i)　不能 (28) SetAll　xim
(29) RowSourceType　x (30) AddObject　Caption
(31) ControlBox　PasswordChar　Release

第9章

1. 选择题

(1) ~ (5)　A D D C C (6) ~ (10)　A D D B D (11) ~ (15)　B C B B A
(16) ~ (20)　B B B C C (21) ~ (23)　C B D

2. 填空题

(1) 页标头 (2) 3
(3) 细节 (4) 标签
(5) MODIFY REPORT (6) 总结
(7) REPORT FORM (8) _PAGENO
(9) 一对多

第10章

1. 选择题

(1) ~ (5)　A C D B C (6) ~ (10)　A D B D B (11) D

2. 填空题

(1) \ – (2) 普通菜单　快捷菜单
(3) 打印\ < P (4) 子菜单
(5) 跳过　.T.　.F. (6) SET SYSMENU TO DEFAULT
(7) 菜单、程序、表单、查询 (8) BUILD EXE myproject FROM project
(9) READ (10) 自由表
(11) 排除 (12) 4
(13) 追加

参考文献

[1] 刘秋生. 数据库程序设计 Visual FoxPro. 南京：东南大学出版社，2007.

[2] 刘秋生. 数据库系统程序设计 Visual FoxPro. 镇江：江苏大学出版社，2011.

[3] NCRE 研究组. 全国计算机等级考试考点解析、例题精解与实战练习（二级 Visual FoxPro 数据库程序设计）. 北京：高等教育出版社，2008.

[4] 考试命题研究组. 二级 Visual FoxPro 典型考题解析与实战. 北京：金版电子出版社，2008.

[5] 考试命题研究中心，未来教育教学与研究中心. 全国计算机等级考试笔试模拟考场（二级 Visual FoxPro）. 北京：金版电子出版社，2008.

[6] 考试命题研究组，新思路教育科技研究中心. 全国计算机等级考试标准预测试卷（二级 Visual FoxPro）. 北京：化学工业出版社，2008.

[7] 考试命题研究组，新思路教育科技研究中心. 全国计算机等级考试历年试卷汇编及详解（二级 Visual FoxPro）. 北京：化学工业出版社，2008.